全国中等职业技术学校电子类专业教材

模拟电路基础
（第二版）

人力资源社会保障部教材办公室组织编写

中国劳动社会保障出版社

简介

本书主要内容包括整流滤波电路、基本放大电路、集成运算放大器应用电路、信号产生电路、低频功率放大器、直流稳压电源和晶闸管应用电路等。

本书由朱伟主编，郭中益、李红、黄向东、王俊怡参与编写；朱春萍审稿。

图书在版编目（CIP）数据

模拟电路基础/人力资源社会保障部教材办公室组织编写. —2 版. —北京：中国劳动社会保障出版社，2017

全国中等职业技术学校电子类专业教材

ISBN 978 - 7 - 5167 - 3149 - 9

Ⅰ.①模…　Ⅱ.①人…　Ⅲ.①模拟电路–中等专业学校–教材　Ⅳ.①TN710

中国版本图书馆 CIP 数据核字（2017）第 209741 号

中国劳动社会保障出版社出版发行

（北京市惠新东街 1 号　邮政编码：100029）

*

北京市艺辉印刷有限公司印刷装订　　新华书店经销

787 毫米×1092 毫米　16 开本　15.25 印张　306 千字

2017 年 9 月第 2 版　　2022 年 12 月第 9 次印刷

定价：28.00 元

营销中心电话：400-606-6496

出版社网址：http://www.class.com.cn

http://jg.class.com.cn

为了更好地适应全国中等职业技术学校电子类专业的教学要求，全面提升教学质量，人力资源社会保障部教材办公室组织有关学校的骨干教师和行业、企业专家，对全国中等职业技术学校电子类专业教材进行了修订和补充开发。此项工作以人力资源社会保障部颁布的《技工院校电子类通用专业课教学大纲（2016）》《技工院校电子技术应用专业教学计划和教学大纲（2016）》《技工院校音像电子设备应用与维修专业教学计划和教学大纲（2016）》《技工院校通信终端设备制造与维修专业教学计划和教学大纲（2016）》为依据，充分调研了企业生产和学校教学情况，广泛听取了教师对现行教材使用情况的反馈意见，吸收和借鉴了各地职业技术院校教学改革的成功经验。

教材体系

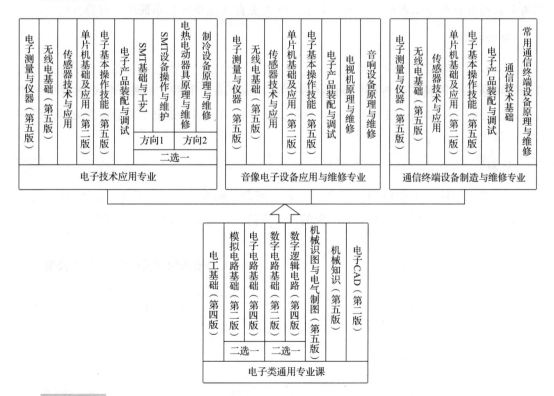

使用对象

电子技术应用专业、音像电子设备应用与维修专业、通信终端设备制造与维修专业中级、高级两个层次和以下 3 种学制：

- 初中毕业生 3 年学制培养中级工
- 高中毕业生 3 年学制培养高级工（中级阶段）
- 初中毕业生 5 年学制培养高级工（中级阶段）

编写特色

◆ **紧贴国家职业标准**　紧密贴合《中华人民共和国职业分类大典（2015 年版）》中对广电和通信设备电子装接工、广电和通信设备调试工、家用电器产品维修工、家用电子产品维修工等职业的职业能力要求，同时参照相关国家职业标准。

◆ **体现行业技术发展**　根据电子行业的最新发展，在教材中充实了电子产品表面贴装、数字电视维修、智能手机维修等方面的新技术，体现教材的先进性。

◆ **注重职业能力培养**　根据就业岗位对技能型人才所需能力的要求，进一步加强实践性教学内容。同时，在教材中突出对学生获取信息、与人交流、分析解决问题以及自学等职业能力的培养。

◆ **符合学生阅读习惯**　在教材内容的呈现形式上，尽可能使用图片、实物照片和表格等形式将知识点生动地展示出来，力求让学生更直观地理解和掌握所学内容。

教学服务

本套教材配有方便教师上课使用的电子课件，部分教材还配有习题册，电子课件等教学资源可通过中国技工教育网（http://jg.class.com.cn）下载。此外，针对教材中的重点、难点还制作了动画、视频等多媒体素材，使用移动终端扫描书中相应位置处的二维码即可在线观看。

致谢

本次教材的修订工作得到了江苏、山东、河南、湖北、广东、广西、四川等省（自治区）人力资源社会保障厅及有关学校的大力支持，在此我们表示诚挚的谢意。

人力资源社会保障部教材办公室
2017 年 6 月

目　录

---

① 标记星号（*）的章节可作为选学内容。

课题一　整流滤波电路

手机、MP4、数码相机等电子产品往往需要由电池供电，而电视机、计算机等电子设备虽然不采用电池直接供电，但其内部都有专门将电网提供的交流电变换成直流电的电源电路。整流滤波电路是电源电路最基本的组成部分，其中半导体二极管是组成整流滤波电路最基本的电子元器件。

任务1　半导体二极管的识别与检测

 **学习目标**

1. 掌握本征半导体、P 型半导体、N 型半导体的概念以及 PN 结的形成过程。
2. 了解半导体二极管的结构、符号和类型。
3. 掌握半导体二极管伏安特性的含义。
4. 掌握半导体二极管主要参数的含义，能正确选用半导体二极管。
5. 了解特殊半导体二极管的符号和用途。
6. 能正确识别常用半导体二极管，并能正确检测半导体二极管。

 任务引入

半导体二极管（简称二极管）是最基本的电子元器件之一，其应用实例如图 1—1—1 所示。二极管的种类繁多，因其具有单向导电性而在电子产品中起整流、检波等作用。常用二极管的外形如图 1—1—2 所示。本任务将以半导体基础知识为起点，学习二极管的基本知识、使用常识和检测方法，练习正确识别与检测二极管，并通过测量二极管的伏安特性进一步熟悉其含义。

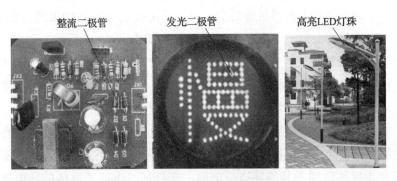

整流二极管　　　发光二极管　　　高亮LED灯珠

图 1—1—1　二极管的应用实例

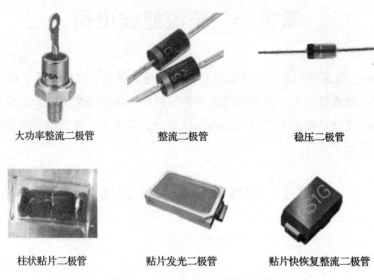

大功率整流二极管　　　　整流二极管　　　　稳压二极管

柱状贴片二极管　　　　贴片发光二极管　　　　贴片快恢复整流二极管

图1—1—2　常用二极管的外形

 相关知识

一、半导体基础知识

1．本征半导体

自然界中的物质根据导电性能可分成导体、绝缘体和半导体三类，导体的导电能力很强，如金、银、铜、铁、锌；绝缘体几乎不导电，如塑料、玻璃、橡胶等；导电能力介于导体与绝缘体之间的物质称为半导体，常用的半导体材料有硅、锗等。

半导体材料经过高度提纯后形成的半导体，称为纯净半导体，也称为本征半导体。本征半导体的原子结构排列非常整齐，如图1—1—3所示。在绝对零度（–273℃）时，本征半导体中的电子无法挣脱本身原子核束缚，呈现绝缘体特性。

当半导体中的少量电子获得足够的能量时，即可挣脱共价键的束缚，形成自由电子，同时在电子原来的位置上留下一个空位，即空穴，如图1—1—4所示。和空穴相邻的电子在空穴的吸引下与之复合（当空穴与电子相遇后，自由电子便填补空穴，这种现象称为复合），而在电子原来的位置上产生一个新的空穴，从形式上似乎是电子和空穴都在移动。此时的运动由于没有外电场的干涉，是一种无规则的运动。

在半导体的两端加上电压后，半导体中的自由电子和空穴就会在电场的作用下定向移动，形成电流。在半导体导电时，自由电子向高电位端流动，空穴向低电位端流动，空穴参与导电是半导体区别于其他导体导电的主要特征。本征半导体的导电能力和载流子

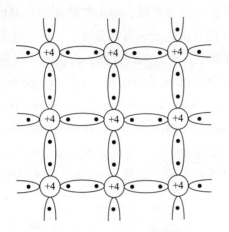

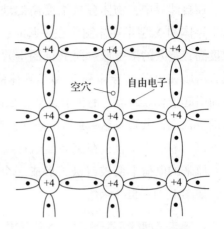

图1—1—3 硅半导体共价键示意图   图1—1—4 自由电子与空穴的形成

（即自由电子和空穴）的数量密切相关，环境温度越高，热激发也越强，半导体中的载流子就越多，导电能力就越强。

2. 杂质半导体

通过扩散工艺，在本征半导体中掺入微量合适的杂质，就会使半导体的导电性能发生明显变化。人们把掺入微量元素的半导体，称为杂质半导体。杂质半导体有 N 型半导体和 P 型半导体两种。

（1）N 型半导体

在本征半导体中掺入微量五价元素磷，就形成 N 型半导体。掺杂后半导体中的自由电子为多数载流子，简称多子；空穴为少数载流子，简称少子。N 型半导体也称为电子型半导体。

（2）P 型半导体

在本征半导体中掺入微量三价元素硼，就形成 P 型半导体。掺杂后半导体中的空穴为多子，自由电子为少子。P 型半导体也称为空穴型半导体。

虽然加入了杂质，但无论是 P 型半导体还是 N 型半导体，都和本征半导体一样，对外不显电性。

二、PN 结的形成和特点

1. PN 结的形成

如果将 P 型半导体和 N 型半导体制作在同一块本征半导体基片上，在它们的交界面就会形成一层很薄的特殊导电层，这就是 PN 结。PN 结是构成各种半导体器件的基础，下面简单介绍 PN 结的形成过程。

（1）多数载流子的扩散运动

在自然界中，物体会从浓度高的地方向浓度低的地方扩散，称为扩散运动。当将 P 型半导体和 N 型半导体制作在一起时，由于 N 区的自由电子为多数载流子，自由电子的浓度高，空穴的浓度低；而 P 区的空穴为多数载流子，空穴的浓度高，自由电子的浓度低，所以在 P 型半导体和 N 型半导体的交界面两侧，出现了自由电子与空穴的浓度差，从而引起了多数载流子的扩散运动，如图 1—1—5a 所示。N 区的自由电子扩散到 P 区，P 区的空穴也扩散到 N 区。P 区的空穴扩散到 N 区后和自由电子复合，N 区的自由电子扩散到 P 区后和空穴复合，在交界面附近载流子的浓度就会下降，仅留下不能移动的杂质离子，原来的电荷平衡被打破，形成一个很薄的空间电荷区，这就是 PN 结，又称为耗尽层，如图 1—1—5b 所示。

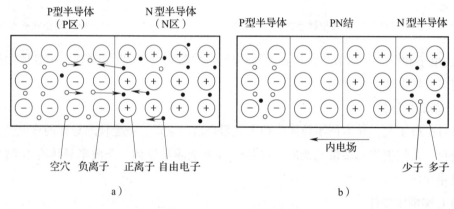

图 1—1—5 PN 结的形成

a）载流子的扩散运动 b）动态平衡时的 PN 结

（2）少数载流子的漂移运动

当空间电荷区出现后，将产生一个内电场，电场方向由 N 区指向 P 区。内电场将阻止多子的进一步扩散，并且 N 区的少子空穴和 P 区的少子自由电子将受到内电场的作用向另一边运动，这种运动称为漂移运动。扩散运动和漂移运动是两种作用相反的运动，当扩散运动和漂移运动达到动态平衡时，空间电荷区的宽度将保持不变，即 PN 结的宽度保持不变，于是形成了稳定的 PN 结。

2．PN 结的单向导电性

（1）PN 结正偏

当 P 区接电源正极、N 区接电源负极时，称为 PN 结正偏（见图 1—1—6）。此时，外加电压的电场方向与 PN 结内建电场方向相反，使 PN 结厚度变薄，原来处于平衡状态的漂移运动和扩散运动的平衡被打破，多数载流子的扩散运动明显增强，形成了较大的扩散电流，PN 结的导电能力明显增强，即 PN 结导通。

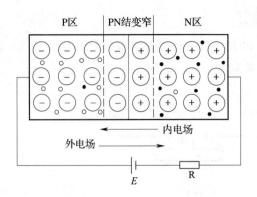

图 1—1—6 PN 结正偏

（2）PN 结反偏

当 P 区接电源负极、N 区接电源正极时，称为 PN 结反偏（见图 1—1—7）。此时，外电场与内电场方向一致，使内电场增强，PN 结厚度变厚，阻止了多数载流子的扩散运动，而少数载流子的漂移运动明显增强，形成漂移电流，由于少数载流子的数量有限，所以漂移电流很小，PN 结呈现出较高的阻抗，即 PN 结截止。

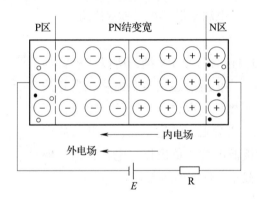

图 1—1—7 PN 结反偏

（3）PN 结的单向导电性

PN 结正偏时，PN 结电阻很小，有较大电流流过，即呈现低电阻，称为 PN 结导通；PN 结反偏时，PN 结呈现出较高的阻抗，称为 PN 结截止，这就是 PN 结的单向导电性。

三、二极管

1. 二极管的结构与符号

将 PN 结用外壳封装，分别在 P 区和 N 区引出两个电极，就是二极管，如图 1—1—8a 所示。连接 P 区的电极称为正极（或阳极），用字母 A 表示；连接 N 区的电极称为负极

（或阴极），用字母 K 表示。

二极管的图形符号如图 1—1—8b 所示，文字代号用 V 或 VD 表示。二极管根据 PN 结结构的不同，可分为点接触型、面接触型和平面型。

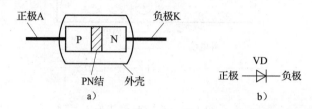

图 1—1—8　二极管结构与符号

a）二极管结构示意图　b）二极管的符号

点接触型二极管的 PN 结面积小，结电容小，一般用在较高频率的场合，常用于检波、混频电路。

面接触型二极管的 PN 结面积大，可通过的电流大，常用于低频整流电路。

平面型二极管有两种结构，PN 结面积较大的通常用于整流电路中做整流二极管，PN 结面积较小的常在脉冲数字电路中做开关二极管使用。

2. 二极管的单向导电性

二极管的基本结构中包含一个 PN 结，所以二极管具有单向导电性。按图 1—1—9 所示连接实验电路，当开关放在 1 位置时，二极管正极接高电位，负极接低电位，即二极管加正向电压，二极管导通，灯泡点亮；当开关放在 2 位置时，二极管正极接低电位，负极接高电位，即二极管加反向电压，二极管截止，灯泡不能点亮。

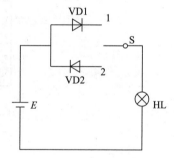

图 1—1—9　二极管的单向导电性实验电路

3. 二极管的伏安特性

在理想状态下，二极管导通时相当于开关接通，此时二极管两端的电压为零；二极管截止时相当于开关断开，此时流过二极管的电流为零。通常把具有这种特性的二极管称为理想二极管。但是实际使用的二极管在导通时都会产生一定的正向压降，而截止时也会有微小的电流流过。二极管两端的电压大小和流过二极管的电流之间的关系曲线称为二极管的伏安特性曲线。图 1—1—10 所示为某硅二极管的伏安特性曲线。

（1）二极管的正向特性

在图 1—1—10 中，纵坐标轴右边的曲线为二极管的正向特性曲线。在正向特性曲线的起始段，即图中的 OA 段，曲线的变化很平坦，此时正向电压不断增加，但是通过二极管的电流变化却缓慢，二极管并没有导通，此区域称为"死区"。当曲线经过 A 点后，电压稍有增加，电流就会较快增加。通常将开始导通时的正向电压称为开启电压，一般硅二极管的开启电压约为 0.5 V，锗二极管的开启电压约为 0.1 V。当电压大于开启电压后，通过二极管的电流和二极管两端的电压呈指数关系变化，如图中的 AB 段所示。当电压再进一步增加时，通过二极管的电流将急剧增大，如图中的 BC 段所示，此时二极管两端的电压基本维持恒定不变，二极管处于导通状态，此电压称为二极管的导通电压。通常硅二极管的导通电压为 0.6 ~ 0.8 V，锗二极管的导通电压为 0.2 ~ 0.3 V。

（2）二极管的反向特性

在图 1—1—10 中，纵坐标轴左边的曲线为二极管在加上反向电压时的特性曲线。从图中的 OD 段可以看出，当二极管加上反向电压后，反向电流也会增加，但当电压超过 −1 V 后，虽然电压增加很大，但流过二极管的反向电流却维持不变，此时的电流称为二极管的反向饱和电流，如图中 DE 段所示。反向饱和电流越小，表示二极管反向阻断性能越好，锗二极管的反向饱和电流为几十至一百多微安，硅二极管的反向饱和电流很小，只有几微安，或更低。

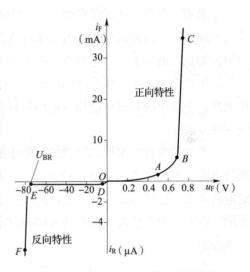

图 1—1—10 硅二极管伏安特性曲线

当二极管两端的反向电压进一步增加到反向击穿电压 U_{BR} 时，流过二极管的反向电流会突然增大，此时二极管出现反向击穿状态，如图中的 EF 段所示。

当二极管反向击穿后，只要流过二极管的反向电流控制在一定范围内，二极管两端的反向电压降低后，二极管还能恢复正常，不致损坏。但当反向电流足够大，使二极管的 PN 结发生热击穿而烧毁后，二极管将永久损坏。在使用二极管时，加在二极管两端的反向电压不能大于它的反向击穿电压（稳压二极管除外）。

4. 二极管的主要参数

二极管的参数很多，常规参数有正向压降、反向击穿电压、反向漏电流等，交流参数有开关速度、存储时间、截止频率、结电容等，极限参数有最大耗散功率、工作温度、存储条件、最大整流电流等。因二极管的种类繁多，不同用途的二极管有不同的参数要求，下面重点介绍二极管的几个主要参数。

（1）最大整流电流 I_{FM}

I_{FM} 是指二极管正常工作时，允许通过的最大正向平均电流，它与 PN 结的材料、结面积和散热条件有关。因为电流流过 PN 结会引起二极管发热，如果在实际应用中，流过二极管的平均电流超过 I_{FM}，二极管将因过热而烧坏。

（2）最高反向工作电压 U_{RM}

U_{RM} 是指加在二极管两端的最大反向电压。为了保证二极管工作在安全区域，通常取二极管实际反向击穿电压的 $1/3 \sim 1/2$，作为二极管的最高反向工作电压。

（3）反向饱和电流 I_R

I_R 是指二极管未击穿时的反向电流。I_R 越小，二极管的反向漏电流越小，其单向导电性越好。反向饱和电流受温度的影响较大，温度升高，反向饱和电流将变大。

（4）最高工作频率 f_M

f_M 是指二极管所能承受的最高工作频率，由二极管结电容的大小决定。当二极管的结电容较大时，高频信号会通过结电容流过二极管，使二极管失去单向导电性，所以在使用中，加在二极管上的信号频率不能大于 f_M。

二极管的参数可以从半导体器件手册中直接查找，但由于半导体器件在制造过程中的离散性，手册中的数据只能作为通用数据，而对于某个具体的半导体二极管，则可以通过测量的方法获得。

二极管的参数是选用二极管的重要依据。当设备中的二极管损坏时，要采用同型号的新管更换，如无法找到同型号的器件，一般用类型相同、性能相近的器件代替。例如，额定电流大的二极管可以代替额定电流小的二极管；反向耐压高的二极管可以代替反向耐压低的二极管；对于检波二极管还要特别注意 f_M 参数，工作频率高的二极管可以代替工作频率低的二极管。

 职业能力培养

现有型号为 2AP1、1N4007、1N4148、2CZ11D 的四种二极管，查阅有关手册或其他资料后，将其主要参数摘录在表 1—1—1 中。

表 1—1—1　　　　　　　　几种二极管的主要参数

型号	用途类型	最大整流电流 I_{FM}（mA）	最高反向工作电压 U_{RM}（V）	反向饱和电流 I_R（mA）	最高工作频率 f_M（MHz）
2AP1					
1N4007					
1N4148					
2CZ11D					

5. 常用二极管

二极管的种类很多，常用的有整流二极管、检波二极管、稳压二极管、发光二极管、光敏二极管和变容二极管等。

（1）整流二极管

整流二极管是利用 PN 结的单向导电特性，把交流电变换成脉动直流电。由于其要通过较大的电流，一般内部结构为面接触型或平面型。常用整流二极管的外形与符号如图 1—1—11 所示。

（2）检波二极管

检波二极管是利用其单向导电性，将高频或中频无线电信号中的低频信号提取出来。由于工作信号的频率较高，所以其内部结构一般为点接触型，选用时要特别注意 f_M 的选择。常用检波二极管的外形与符号如图 1—1—12 所示。

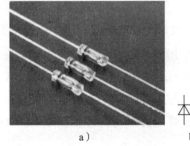

图 1—1—11　常用整流二极管的外形与符号
a）外形　b）符号

图 1—1—12　常用检波二极管的外形与符号
a）外形　b）符号

（3）稳压二极管

稳压二极管简称稳压管，它是利用二极管在反向击穿时，两端的电压保持恒定这一特性来获取稳定电压，它工作在反向击穿状态。常用稳压二极管的外形与符号如图 1—1—13 所示。

（4）发光二极管

发光二极管简称 LED，在电路中常作为显示器件，采用砷化镓、镓铝砷和磷化镓等材料制成，其内部也有一个 PN 结，具有单向导电性。发光二极管根据所用材料不同，可以发出红、绿、黄、蓝、橙等不同颜色的光。发光二极管的伏安特性与普通二极管相似，但正向导通电压稍大，一般为 1.0 ~ 2.5 V。当流过它的正向电流达到 1 mA 左右时开始发光，电流越大亮度越高，但当电流达到一定数值后，发光强度趋于饱和，其工作电流一般取 2 ~ 20 mA。常用发光二极管的外形与符号如图 1—1—14 所示。

图 1—1—13　常用稳压二极管的外形与符号
a）外形　b）符号

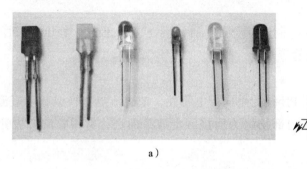

图 1—1—14　常用发光二极管的外形与符号

a）外形　b）符号

（5）光敏二极管

光敏二极管也称为光电二极管，其结构与普通二极管类似，管芯是一个具有光敏特性的 PN 结，具有单向导电性。光敏二极管工作在反偏状态，当无光照时，有很小的反向饱和漏电流，即暗电流，此时光敏二极管截止；当受到光照时，反向漏电流迅速增加，形成光电流，且随入射光强度的变化而变化。常用光敏二极管的外形与符号如图 1—1—15 所示。

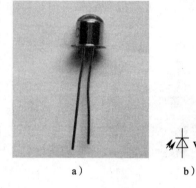

图 1—1—15　常用光敏二极管的
外形与符号

a）外形　b）符号

四、二极管的识别与检测方法

1．二极管引脚的识别与测量

（1）直观识别二极管引脚的极性

电路中，二极管的正、负极性不能接错，否则将导致电路无法正常工作，甚至损坏电路、烧毁二极管。为了区分二极管的引脚，制造二极管时，一般在它的外壳上用图形符号或标志环等标注出极性。常见二极管正、负极的判别方法见表 1—1—2。

表 1—1—2　　　　　　　　　　常见二极管正、负极的判别方法

判别方法	图示	说明
通过二极管的 外形判别	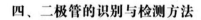	螺栓端为正极

续表

判别方法	图示	说明
通过二极管的电极特征判别	负极　正极	长引脚为正极，短引脚为负极
通过标志环判别	负极　正极	有标志环的一端为负极
通过外壳上的符号判别	正极　负极	极性和外壳上的符号一致

（2）用万用表判断二极管引脚的极性

1）用模拟式万用表判断二极管引脚极性（以 MF47 型万用表为例）

用 MF47 型万用表判断二极管的引脚极性时，使用万用表的 $R \times 100\ \Omega$ 或 $R \times 1\ k\Omega$ 挡，测量步骤如下。

第一步：进行欧姆调零，将万用表的两个表笔短接，调整欧姆调零旋钮，使万用表的指针指向右边的零欧姆，如图 1—1—16 所示。测量二极管时，此步骤并非十分必要，但可以判断万用表是否正常，以防止因万用表故障而产生错误判断。

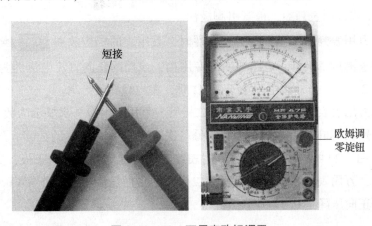

图 1—1—16　万用表欧姆调零

第二步：分别测量二极管的正、反向电阻值，其中有一次测得的电阻值比较小，如图1—1—17 所示；另一次测得的电阻值很大，如图1—1—18 所示。测得电阻值较小的那一次，万用表的黑表笔接的引脚是二极管的正极，红表笔接的引脚是二极管的负极。

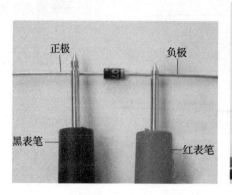

图 1—1—17　二极管正向电阻测量

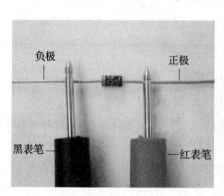

图 1—1—18　二极管反向电阻测量

2）用数字式万用表判断二极管引脚极性

用数字式万用表判断二极管的引脚极性时，万用表的挡应放在 ⏺))) ⫤▶| 挡上。⏺))) ⫤▶| 挡为数字式万用表测量二极管、电路通断的专用挡，该挡的正向直流电流约为 1 mA，正向直流电压约为 2. 8 V，当外接电阻小于 70 Ω 时，表内蜂鸣器鸣响。

用数字式万用表表笔正、反两次测量二极管，万用表上有一次显示为数字 1（表示电阻无穷大，开路），如图 1—1—19 所示；另一次常显示一个几百的数字，如图 1—1—20 所示。在图 1—1—20 的这次测量中，万用表红表笔接的是二极管的正极，黑表笔接的是二极管的负极，万用表显示的数字为所测二极管的正向压降（电流 1 mA），图 1—1—20 所测二极管的正向压降是 0. 514 V。

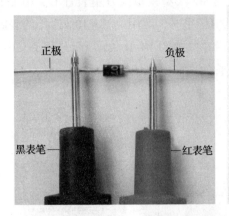

图 1—1—19 用数字式万用表测量（反向）

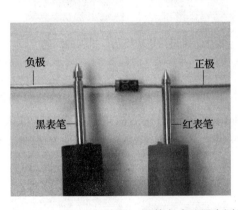

图 1—1—20 用数字式万用表测量（正向）

2．普通二极管的检测

用万用表判断普通二极管的好坏时，模拟式万用表用 R×100 Ω 或 R×1 kΩ 挡，数字式万用表用 ┄┅╂╂ 挡。分别测量二极管的正、反向电阻，假设两次测量的电阻阻值分别为 R_1 和 R_2。

（1）如果 R_1 较小，R_2 为无穷大，则二极管的性能良好，其中 R_1 为正向电阻，R_2 为反向电阻。

（2）如果 R_1 和 R_2 都为无穷大，则表示二极管开路。

（3）如果 R_1 和 R_2 都很小，则表示二极管短路。

（4）如果 R_2 的阻值比较小，则二极管反向漏电严重，不能使用。

3．稳压二极管的检测

测量稳压二极管时，使用的挡和测量普通二极管时相同，性能良好的稳压二极管的测量结果和普通整流二极管相同。此外，还可以用模拟式万用表的 R×10 kΩ 挡，区分普通二极管和低稳压值的稳压二极管。因为 MF47 型模拟式万用表置 R×10 kΩ 挡时，表内总电压为 10.5 V，当稳压二极管的稳压值较小时，万用表 R×10 kΩ 挡的表内电压就可以将其击穿，此时测得的反向电阻会明显减小，如图 1—1—21 所示是用 R×10 kΩ 挡测量 9 V 稳压二极管的反向电阻，而普通二极管的反向电阻依然是无穷大。

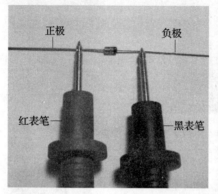

图 1—1—21　用 R×10 kΩ 挡测量 9 V 稳压二极管的反向电阻

4. 发光二极管的检测

测量发光二极管时，可以直接用模拟式万用表的 R×10 kΩ 挡，分别测量其正、反向电阻。在测量合格发光二极管的正向电阻时（万用表黑表笔接正极，红表笔接负极），除了万用表指针将发生一定偏转外，发光二极管还会微微点亮，如图 1—1—22 所示。

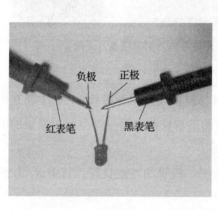

图 1—1—22　用 MF47 型万用表测量发光二极管的正向电阻

如果使用数字式万用表测量发光二极管，同样要使用万用表的 ⏱️➡️ 挡。对于性能良好的发光二极管，当红表笔接正极，黑表笔接负极时，发光二极管将点亮，万用表显示屏将显示其正向压降，如图 1—1—23 所示。从显示值可以看出，发光二极管的正向压降明显大于普通二极管。

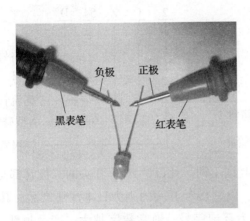

图 1—1—23　用数字式万用表测量发光二极管

五、二极管的命名

国产二极管根据使用的半导体材料、用途等进行命名，具体命名方法见表1—1—3。

表 1—1—3　　　　　　　国产二极管型号的命名方法

第一部分		第二部分		第三部分				第四部分	第五部分
用数字表示器件的电极数目		用汉语拼音字母表示器件的材料和极性		用汉语拼音字母表示器件的类型				用数字表示器件的序号	用汉语拼音字母表示规格号
符号	意义	符号	意义	符号	意义	符号	意义		
2	二极管	A B C D E	N型锗材料 P型锗材料 N型硅材料 P型硅材料 化合物	P Z W K L	普通管 整流管 稳压管 开关管 整流堆	C U N BT	参量管 光电器件 阻尼管 半导体特殊器件	反映二极管参数的差别	反映二极管承受反向击穿电压的高低，如A、B、C、D等，其中A承受的反向击穿电压最低，B稍高

例如：

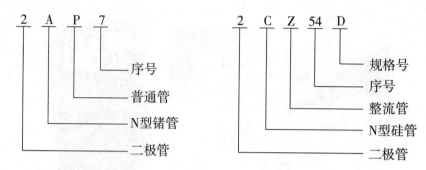

国外二极管型号的命名方法与我国不同。凡以"1N"开头的二极管都是美国制造或以美国专利在其他国家制造的产品，以"1S"开头的则为日本注册产品，其中数字"1"表示器件有 1 个 PN 结。后面数字为登记序号，通常数字越大，产品越新。如 1N4001、1N4148、1N5408、1S1885 等都是国外二极管的型号。

 **任务实施**

一、器材准备

1. 仪表

0～30 V 直流稳压电源 1 台，MF47 型模拟式万用表、DT－9205A 型数字式万用表各 1 块，1 V、20 V 直流电压表各 1 块（也可使用数字式万用表），10 μA、30 mA 直流电流表各 1 块（也可使用数字式万用表）。

2. 元器件

实施本任务所需的电子元器件见表 1—1—4。

表 1—1—4 　　　　　　　　　　　电子元器件明细表

序号	名称	型号规格	数量	单位
1	二极管	2AP1	1	个
2	二极管	2AP9	1	个
3	二极管	1N4001	1	个
4	发光二极管	BT101，φ3 mm	1	个
5	稳压二极管	1N4736，6.8 V	1	个
6	二极管	损坏的（击穿或开路）	若干	个
7	电阻器	200 Ω	1	个
8	电位器	100 Ω	1	个
9	电阻器	500 Ω	1	个

二、二极管的识别与检测

按表 1—1—4 准备好器材，然后用模拟式万用表测量二极管的正、反向电阻值，将测量结果填入表 1—1—5 中，并根据所测二极管正、反向电阻值来判断二极管的极性和好坏。查阅相关手册或通过互联网检索，获取二极管的主要参数，并记入表 1—1—5 中。

表 1—1—5　　　　　　　　　二极管检测及参数查阅记录表

序号	型号	测量结果				资料查阅		
		万用表挡位	正向电阻	反向电阻	质量判断	I_{FM}	U_{RM}	I_R
1	2AP1							
2	2AP9							
3	1N4001							
4	BT101							
5	1N4736							

三、测量 1N4736 型稳压二极管的伏安特性

1. 测量 1N4736 型稳压二极管的正向伏安特性

正向伏安特性测试电路如图 1—1—24 所示。按图连接电路，调整电位器 RP，使稳压二极管 VZ 两端的直流电压分别等于表 1—1—6 中的值，然后测量流过稳压二极管的电流并填入表 1—1—6 中。

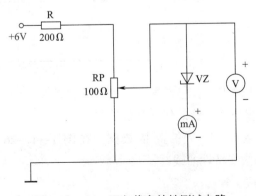

图 1—1—24　正向伏安特性测试电路

表 1—1—6　　　　　　　　1N4736 型稳压二极管正向伏安特性的测试记录表

电压（V）	0	0.10	0.20	0.30	0.35	0.40	0.45	0.50	0.55	0.60	0.65
电流（mA）											

2. 测量 1N4736 型稳压二极管的反向伏安特性

反向伏安特性测试电路如图 1—1—25 所示，电路中 R 为限流电阻，限制二极管反向电流。

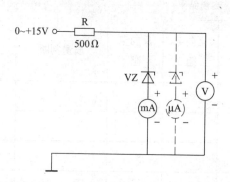

图 1—1—25　反向伏安特性测试电路

测量反向电流时，当反向电压小于 6 V 时，使用 10 μA 量程的电流表；当反向电压大于 6 V 时，使用 30 mA 量程的电流表。

调整直流稳压电源，使输入电压分别等于表 1—1—7 中的电压值，然后测量流过稳压二极管的反向电流及稳压二极管两端的电压，并将测得的电流以及稳压二极管两端的电压填入表 1—1—7 中。

表 1—1—7　　　　　　　1N4736 型稳压二极管反向伏安特性的测试记录表

输入端电压（V）	0	5	6	8	10	12	15
VZ 两端的电压（V）							
反向电流（mA）							

此稳压二极管的稳压值为_____V。

3. 绘制 1N4736 型稳压二极管的伏安特性曲线

根据表 1—1—6 和表 1—1—7 的测量数据，在图 1—1—26 中的坐标系上，绘出 1N4736 型稳压二极管的伏安特性曲线。

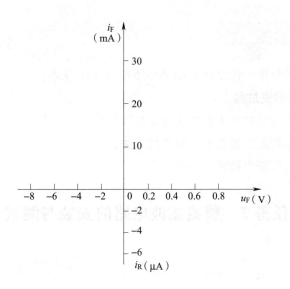

图1—1—26 1N4736型稳压二极管的伏安特性曲线

任务评价

按表1—1—8所列项目进行任务评价，并将结果填入表中。

表1—1—8 任务评价表

评价项目	评价标准	配分（分）	自我评价	小组评价	教师评价
职业素养	安全意识、责任意识、服从意识强	5			
	积极参加教学活动，按时完成各项学习任务	5			
	团队合作意识强，善于与人交流和沟通	5			
	自觉遵守劳动纪律，尊敬师长，团结同学	5			
	爱护公物，节约材料，工作环境整洁	5			
专业能力	能正确使用万用表	10			
	能正确判断二极管质量	15			
	能正确搭接测试电路	15			
	能正确完成测量项目	20			
	能根据测量结果绘制伏安特性曲线	15			
合计		100			
总评	自我评价×20% + 小组评价×20% + 教师评价×60% =	综合等级	教师（签名）：		

注：学习任务考核采用自我评价、小组评价和教师评价三种方式，考核分为A（90~100）、B（80~89）、C（70~79）、D（60~69）、E（0~59）五个等级。

思考与练习

1. 什么是本征半导体？什么是 P 型半导体和 N 型半导体？

2. 简述 PN 结的形成过程。

3. 半导体二极管的反向电流为什么会受温度的影响？

4. 简述用万用表判断二极管引脚极性的方法。

5. 怎样用万用表判断二极管的好坏？

任务 2 整流滤波电路的安装与测试

学习目标

1. 理解整流的概念，掌握单相半波、全波、桥式整流电路的工作原理。

2. 能对单相半波、全波、桥式整流电路进行计算和分析，并正确选择整流二极管的参数。

3. 掌握整流电路的测试方法，能准确测量其输出电压和输出波形。

4. 掌握滤波电路的作用和种类，能简单描述其工作原理。

5. 能熟练使用常用电子工具及仪表仪器，正确安装、测试整流滤波电路。

任务引入

白炽灯、日光灯、电风扇等电器都是采用 220 V 交流电（市电）供电的，而全自动洗衣机、智能冰箱、空调、电视机等虽然也采用交流电源供电，但其内部部分电路则是采用直流电源供电的；手机、电动自行车等由电池供电，但其充电电路是将市电变换成直流电来给电池充电的。可见，生活中常需要将交流电变换成直流电，而要将 220 V 交流电变换成稳恒的直流电，需要通过变压、整流、滤波和稳压四个步骤：第一步，由变压器完成变压，它将输入的市电变换成适当的低电压；第二步，由二极管组成的整流电路，把交流电转变成脉动直流电；第三步，由电容、电感等组成的滤波电路，把脉动直流电变换成平滑直流电；第四步，由稳压电路将平滑直流电变换成大小恒定的直流电。

整流滤波电路是电源电路中最基本的电路，一般只要是采用市电供电的电子设备，其内部往往都有整流滤波电路。如图 1—2—1 所示为监控摄像头用 12 V 小型开关电源中的整流滤波电路。

本次任务将重点分析单相整流电路中最常用的三种整流电路的组成和工作原理，并按照电子电路安装工艺要求和方法进行整流滤波电路的安装、调试，利用示波器检测整流滤波电路的输入、输出波形，并通过变换元件参数进一步学习元件的合理选择。

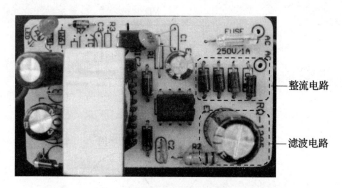

图 1—2—1　小型开关电源中的整流滤波电路

 相关知识

一、整流电路

1．单相半波整流电路

（1）单相半波整流电路的组成和工作原理

单相半波整流电路是组成最简单的一种整流电路，如图 1—2—2 所示，它由变压器 T、二极管 VD 和负载电阻 R_L 组成。变压器在电路中起电压变换的作用，二极管起整流作用，R_L 为负载电阻。

变压器的输入电压 u_1、输出电压 u_2 都是交流电压，本身并没有极性，图中的"＋""－"表示变压器各电压的相位关系，变压器一次侧的"＋"端和二次侧的"＋"端，一次侧的"－"端和二次侧的"－"端，电压的相位相同。变压器各绕组在某瞬间，电压同为"正"或同为"负"的一端称为同名端，同名端常用"·"进行标注，如图 1—2—2 所示。

单相半波整流电路的工作原理是：当 u_2 为正半周时，u_2 极性为上正、下负，二极管 VD 两端承受正向电压而导通，有电流流过负载电阻 R_L，且电流方向为自上而下，如图 1—2—3a 所示。当 u_2 为负半周时，u_2 极性为上负、下正，二极管 VD 截止，没有电流流过负载电阻 R_L。因此，在交流电的一个周期内，二极管导通一次。单相半波整流电路的输入、输出电压波形如图 1—2—3b 所示。

（2）单相半波整流电路分析

当变压器输出交流电压 u_2 的有效值为 U_2 时，负载两端的电压平均值 U_o 为：

$$U_o \approx 0.45 U_2$$

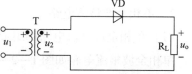

图 1—2—2　单相半波整流电路

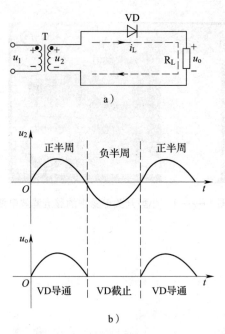

图1—2—3 单相半波整流电路中的电流方向与输入、输出电压波形

a) 单相半波整流电路中的电流方向 b) 单相半波整流电路的输入、输出电压波形

流过负载电阻的平均电流 I_L 为：

$$I_L = \frac{U_o}{R_L}$$

由于单相半波整流电路中，二极管和负载电阻串联，所以流过二极管的电流和流过负载电阻的电流相同，即流过二极管的电流 I_D 为：

$$I_D = I_L$$

二极管两端实际承受的最高反向工作电压 U'_{RM} 为 u_2 的峰值，即：

$$U'_{RM} = \sqrt{2}U_2$$

（3）单相半波整流电路的特点

单相半波整流电路组成简单，使用元件数量少，成本低。但由于二极管只有在交流电的正半周才工作，故输出电压低，电压脉动大，整流效率低下。

2. 单相全波整流电路

（1）单相全波整流电路的组成和工作原理

单相全波整流电路如图1—2—4所示，它由两个二极管、一个变压器和负载电阻组成。变压器为双电压输出（以变压器的中间抽头为基准），输出电压

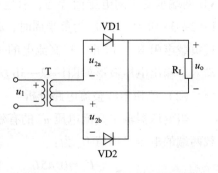

图1—2—4 单相全波整流电路

$u_{2a} = u_{2b}$，它们的相位相差 $180°$。为了保证输出电压相等，在实际生产此类变压器时，常采用双线并绕的方法绕制。

单相全波整流电路的工作原理是：当 u_{2a} 为正半周时，u_{2a} 极性为上正、下负，二极管 VD1 两端承受正向电压而导通，同时因 u_{2b} 极性为上正、下负，VD2 承受反向电压而截止，电流通过二极管 VD1 流过负载电阻 R_L，电流方向为自上而下，如图 1—2—5 所示。当 u_{2b} 为正半周时，u_{2b} 极性为上负、下正，二极管 VD2 两端承受正向电压而导通，此时 u_{2a} 极性为上负、下正，VD1 承受反向电压而截止，电流通过二极管 VD2 流过负载电阻 R_L，电流方向依然为自上而下，如图 1—2—6 所示。所以无论是在交流电的正半周还是交流电的负半周，负载电阻都有电流流过，并且电流方向保持不变。单相全波整流电路的输入、输出电压波形如图 1—2—7 所示。

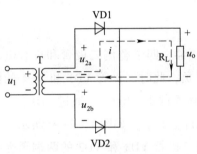

图 1—2—5　VD1 导通时的电流方向

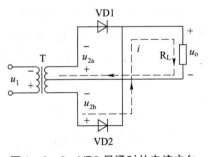

图 1—2—6　VD2 导通时的电流方向

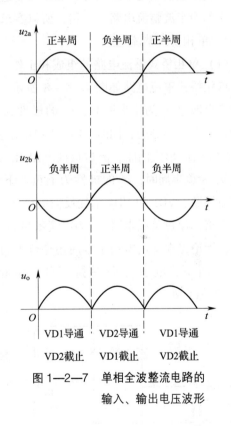

图 1—2—7　单相全波整流电路的
　　　　　输入、输出电压波形

（2）单相全波整流电路分析

当变压器输出交流电压 u_2 的有效值为 U_2 时，负载两端的电压平均值 U_o 为：

$$U_o \approx 0.9U_2$$

流过负载电阻的平均电流 I_L 为：

$$I_L = \frac{U_o}{R_L}$$

因为工作时两个二极管轮流导通，每个二极管在交流电一个周期中，只有一半时间有电流流过，所以流过二极管的电流 I_D 为：

$$I_D = \frac{I_L}{2}$$

二极管两端实际承受的最高反向工作电压 U'_{RM} 为：

$$U'_{RM} = 2\sqrt{2}U_2$$

（3）单相全波整流电路的特点

单相全波整流电路使用两个二极管，两个二极管交替导通，使得在交流电的正负两个半周都有电压输出，电压脉动小。但因要使用双输出电压的变压器，两个绕组电压必须相同，才能保证输出电压的对称，变压器制造工艺复杂，成本较高。同时二极管承受的反向电压比单相半波整流电路高一倍，所以要求二极管的反向击穿电压高。

3．单相桥式整流电路

（1）单相桥式整流电路的组成和工作原理

单相桥式整流电路如图 1—2—8 所示，它由变压器、四个整流二极管和负载电阻组成。当交流电 u_2 为正半周时，u_2 的极性为上正、下负，此时二极管 VD1 和 VD4 的两端承受正向电压而导通，同时 VD2 和 VD3 承受反向电压而截止，电压 u_2 通过 VD1、负载电阻 R_L 和 VD4 形成回路，流过负载电阻 R_L 的电流为自上而下，如图 1—2—9 所示。当交流电 u_2 为负半周时，u_2 的极性为上负、下正，此时二极管 VD3 和 VD2 的两端承受正向电压而导通，VD1 和 VD4 承受反向电压而截止，电压 u_2 通过 VD3、负载电阻 R_L 和 VD2 形成回路，流过负载电阻 R_L 的电流依然为自上而下，如图 1—2—10 所示。通过以上分析可知，无论是在交流电的正半周还是负半周，负载电阻 R_L 上都有电流流过，而且方向都是自上而下，电流方向保持不变。单相桥式整流电路的输入、输出电压波形如图 1—2—11 所示。

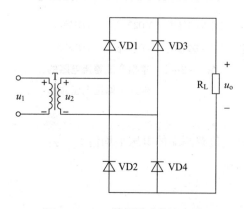

图 1—2—8　单相桥式整流电路

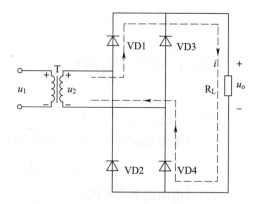

图 1—2—9　VD1、VD4 导通时的电流方向

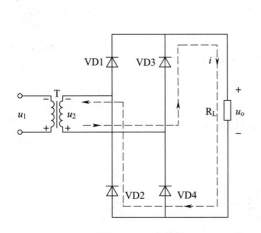

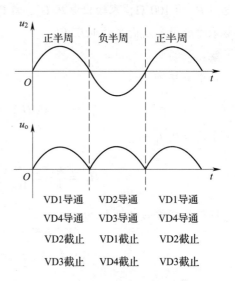

图 1—2—10 VD2、VD3 导通时的电流方向   图 1—2—11 单相桥式整流电路的输入、
                                          输出电压波形

（2）单相桥式整流电路分析

当变压器输出交流电压 u_2 的有效值为 U_2 时，负载两端的电压平均值 U_o 为：

$$U_o \approx 0.9U_2$$

流过负载电阻的平均电流 I_L 为：

$$I_L = \frac{U_o}{R_L}$$

因工作时四个二极管分成两组轮流导通，在交流电的每个周期中，每个二极管有一半
时间有电流流过，所以流过二极管的电流 I_D 为：

$$I_D = \frac{I_L}{2}$$

二极管两端实际承受的最高反向工作电压 U'_{RM} 为：

$$U'_{RM} = \sqrt{2}U_2$$

（3）单相桥式整流电路的特点

单相桥式整流电路使用四个二极管，工作时四个二极管分成两组，交替处于工作状
态，整流效率高，输出电压脉动小。由于工作时有两个二极管同时工作，所以电源内阻稍
有增大。单相桥式整流电路虽然增加了二极管的数量，但因二极管的价格低廉，故在各种
电子线路中依然得到广泛应用。

【例1—2—1】 某电路采用单相桥式整流电路，已知变压器的二次电压 U_2 为10 V，负载电阻 R_L 为100 Ω，求输出电压 U_o、负载电流 I_L、流过二极管的电流 I_D 以及二极管两端实际承受的最高反向工作电压 U'_{RM}。

解：

输出电压 U_o 为：

$$U_o \approx 0.9U_2 = 0.9 \times 10 \text{ V} = 9 \text{ V}$$

负载电流 I_L 为：

$$I_L = \frac{U_o}{R_L} = \frac{9 \text{ V}}{100 \text{ Ω}} = 0.09 \text{ A} = 90 \text{ mA}$$

流过二极管的电流 I_D 为：

$$I_D = \frac{I_L}{2} = \frac{90 \text{ mA}}{2} = 45 \text{ mA}$$

二极管两端实际承受的最高反向工作电压 U'_{RM} 为：

$$U'_{RM} = \sqrt{2}U_2 = \sqrt{2} \times 10 \text{ V} \approx 14.1 \text{ V}$$

不同单相整流电路，对整流二极管的要求是不同的。在选择整流二极管时，要根据流过二极管的电流、二极管两端实际承受的最高反向工作电压进行选择。二极管的最大整流电流 I_{FM} 至少要大于其实际工作电流 I_D，最高反向工作电压 U_{RM} 要大于二极管两端实际承受的最高反向工作电压 U'_{RM}，并留有足够的余量。

二、滤波电路

交流电经过整流后，变成了脉动直流电，虽然电压的方向不再改变，但其大小仍随时间变化，滤波电路就是将脉动直流电变换成平滑直流电的电路。

1. 电容滤波电路

（1）电容滤波电路原理

在整流电路的输出端，并联一个电容器就形成了电容滤波电路，如图1—2—12所示。该电路为单相桥式整流电容滤波电路。

当 u_2 为正半周时，整流二极管 VD1、VD4 导通，u_2 通过 VD1、VD4 给负载电阻供电，同时给电容器 C 充电。由于充电回路电阻很小，所以充电很快，在起始段，电容器两端的电压几乎和电压 u_2 同步上升，当 u_2 达到最大值时，电容器 C 上的电压也达到最大值；此后 u_2 开始下降，电容器 C 将通过 R_L 放电，两端电压将逐渐下降，如果电容器两端的电压下降速度小于 u_2 的下降速度，则 u_C 将大于此时的 u_2，二极管 VD1、VD4 将承受反向电压而截止，负载两端电压来源于电容器两端。

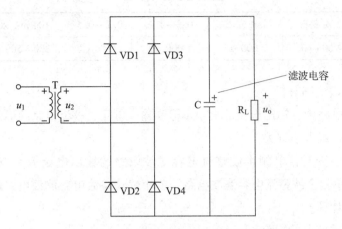

图1—2—12 单相桥式整流电容滤波电路

当 u_2 的负半周到来时，如果没有滤波电容的存在，VD2、VD3 将导通，但有滤波电容后，由于电容器上有电压，如果电容器两端的电压值大于 u_2 的瞬时电压值，VD2、VD3 将保持截止状态，直到 u_2 的电压值上升到大于电容器两端的电压 u_C 时，VD2、VD3 才开始导通，u_2 电压又将给负载电阻供电，同时给电容器充电，如此周而复始。

通过分析可以得知，二极管在有滤波电容的电路中，导通时间将变短，电路的输出波形变得平滑。单相桥式整流电容滤波电路的输出电压波形如图1—2—13所示。

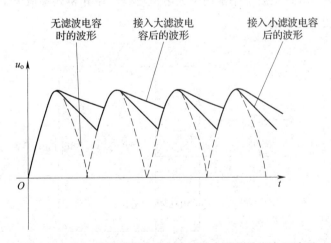

图1—2—13 单相桥式整流电容滤波电路的输出电压波形

电容滤波电路中，电容器的容量越大，滤波效果越好。为了保证滤波效果，电容滤波电路应满足 $R_L C \geqslant (3 \sim 5) T$（$T$ 为交流电的周期）。滤波电容器的容量也可以根据负载电流的大小来选择，见表1—2—1。

表 1—2—1　　　　　　　　　　　　滤波电容器的选择

负载电流	2 A 左右	1 A 左右	0.5 ~ 1 A	0.1 ~ 0.5 A	100 mA 以下	50 mA 以下
滤波电容	4 000 μF	2 000 μF	1 000 μF	500 μF	200 ~ 500 μF	200 μF

（2）电容滤波电路分析

在电容滤波电路中，输出电压的大小不但和输入电压、整流电路的形式有关，还和电容器的容量以及负载大小有关。

一般在电路估算时，单相半波整流电容滤波电路的输出电压 U_o，按照 $U_o \approx$ （1 ~ 1.1）U_2 计算；单相全波整流电容滤波电路、单相桥式整流电容滤波电路的输出电压 U_o，按照 $U_o \approx 1.2U_2$ 计算。

（3）电容滤波电路的特点

电容滤波电路元件少、成本低、输出电压高、脉动小，但带负载能力较差。

2. 电感滤波电路

（1）电感滤波电路原理

在整流电路的输出端和负载之间串联一个电感，就构成了电感滤波电路，如图 1—2—14 所示。当脉动直流电通过电感加在负载上时，脉动直流电将使电路中的电流不断波动，而波动的电流会在电感中产生自感电动势，根据楞次定律，产生的自感电动势将减弱脉动电流的变化，这样就使得电路中电流的变化减弱，输出电压变得平滑，这就是电感滤波电路的工作原理。电感滤波电路常用于大电流场合。单相桥式整流电感滤波电路的输出电压波形如图 1—2—15 所示。

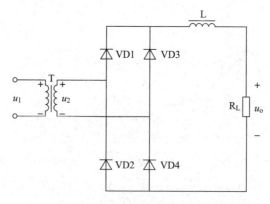

图 1—2—14　单相桥式整流电感滤波电路

（2）电感滤波电路分析

电感滤波电路中，电感的电感量越大，滤波效果越好。采用电感滤波电路的输出电压 U_o，按照 $U_o \approx 0.9U_2$ 计算。

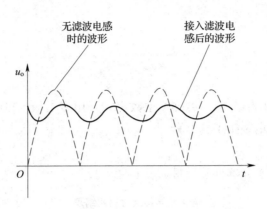

图1—2—15　单相桥式整流电感滤波电路的输出电压波形

（3）电感滤波电路的特点

电感滤波电路带负载能力强，由于采用铁芯线圈，体积大，比较笨重，成本较高。

3. 复式滤波电路

当单独使用电容或电感不能达到理想的滤波效果时，可采用复式滤波电路。常用的复式滤波电路有 LC 型、LC－π 型、RC－π 型等，如图1—2—16 所示。

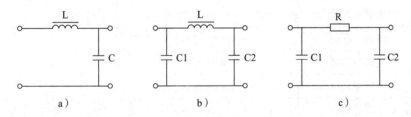

图1—2—16　复式滤波电路

a）LC 型滤波电路　b）LC－π 型滤波电路　c）RC－π 型滤波电路

常用复式滤波电路的特点如下：

（1）LC 型滤波电路

LC 型滤波电路带负载能力较强，在负载变化时，输出电压比较稳定。又由于滤波电容接在电感之后，可以使整流二极管所受冲击电流大大减小。

（2）LC－π 型滤波电路

LC－π 型滤波电路的输出电压较高，波形平滑，带负载能力较差，对整流二极管仍存在较大的冲击电流。

（3）RC－π 型滤波电路

RC－π 型滤波电路的输出电压较高，波形平滑，带负载能力较差，功耗较大。

复式滤波电路的滤波效果好，但成本较高，常应用于对电源要求较高的电路中。

 **任务实施**

一、器材准备

1. 工具与仪表

MF47 型模拟式万用表或 DT-9205A 型数字式万用表 1 块，LDS21010 型手提式数字示波器 1 台，常用无线电装接工具 1 套。

2. 元器件及材料

实施本任务所需电子元器件及材料见表 1—2—2。

表 1—2—2　　　　　　　　　　　　电子元器件及材料明细表

序号	名称	型号规格	数量	单位
1	电源变压器	输入 220 V，输出双 12 V	1	个
2	二极管	1N4001	4	个
3	电阻器	1 kΩ	1	个
4	电阻器	510 Ω	1	个
5	电阻器	200 Ω	1	个
6	电解电容器	10 μF/25 V	1	个
7	电解电容器	100 μF/25 V	1	个
8	电解电容器	470 μF/25 V	1	个
9	万能电路板	80 mm×100 mm	1	块
10	焊锡丝	ϕ0.8 mm	若干	
11	松香		若干	

二、学习手工焊接的基本知识

1. 焊接的条件和要求

（1）焊接的条件

被焊金属件必须具备可焊性，表面应保持清洁，选择合适的助焊剂、适当的焊接温度和焊接时间。

（2）焊点的基本要求

焊点应具有良好的导电性；焊点上的焊料要适当，具有一定的机械强度；焊点表面应具有良好的光泽，表面清洁，不应有毛刺、空隙等。

2. 电烙铁

电烙铁是主要的焊接工具，有外热式电烙铁和内热式电烙铁两种，如图 1—2—17 所示。

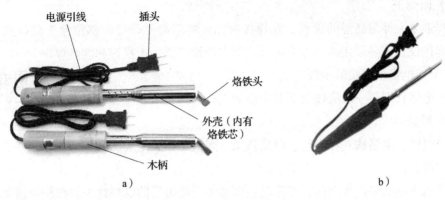

图1—2—17 电烙铁

a）外热式电烙铁 b）内热式电烙铁

外热式电烙铁由烙铁头、烙铁芯、外壳、木柄、电源引线、插头等部分组成，烙铁头安装在烙铁芯里面。常用的规格有25 W、30 W、45 W、75 W、100 W等多种。

内热式电烙铁的发热管安装在烙铁头的里面，常用规格为20 W、35 W、50 W等几种。

3．电子焊接材料

（1）焊料

常用的焊料是锡铅合金焊条，俗称焊锡，它以锡、铅金属为主要原料。焊锡熔点为185~256℃，具有良好的流动性、浸润性、抗氧化性，焊后焊点光滑、导电性好、机械强度高。无线电装接中，一般使用焊锡丝作为焊料，如图1—2—18所示。由于铅是一种有毒金属，目前很多国家已禁止在焊料中添加铅，而采用其他金属合金代替，即采用无铅焊接技术。

（2）助焊剂

助焊剂的作用是去除金属表面的氧化物、油污，可净化焊件金属与增加熔融焊料的接触面，同时具有覆盖保护作用，防止焊接加热过程中焊料氧化，并能降低熔化焊料的表面张力，使焊锡流动性好，焊点更加光滑圆润，保证焊接可靠。无线电装接中，常用松香作为助焊剂，如图1—2—19所示，它没有腐蚀性，可用于焊接铜件。

图1—2—18 焊锡丝

图1—2—19 松香

（3）阻焊剂

阻焊剂是一种耐高温的涂料。在焊接时，可将不需要焊接的部位涂上阻焊剂保护起来，使焊接仅在需要焊接的焊点上进行。阻焊剂被广泛用于浸焊和波峰焊中。

4. 手工电烙铁焊接的步骤

手工电烙铁焊接一般应按以下五个步骤进行（简称五步操作法）：

（1）准备

将被焊件、电烙铁、焊锡丝、电烙铁架、焊剂及相关组装工具等准备好，并放置于便于操作的地方。

焊接前先给电烙铁头上锡，方法是：将加热到能熔锡的电烙铁头放在松香或蘸水海绵上轻轻擦拭，以去除氧化物残渣，然后把少量的焊料和助焊剂加到清洁的电烙铁头上，让电烙铁处在随时可焊接的状态。

（2）加热焊点

右手握持电烙铁，将电烙铁头放置在被焊接的焊点上，使焊点升温。

（3）熔化焊料

当焊点加热到一定温度后，移动焊锡丝使其接触焊接件处，熔化适量的焊料。注意：焊锡丝应从电烙铁头的对称侧加入，不要直接加在电烙铁头上。

（4）移开焊锡丝

当焊锡丝适量熔化后，迅速移开焊锡丝。

（5）移开电烙铁

当焊点上的焊料流动接近饱满，助焊剂尚未完全挥发，即焊点上的温度最适当、焊锡最光亮、流动性最强时，迅速移开电烙铁头。移开电烙铁头的时机、方向和速度决定焊点的焊接质量。正确方法是先慢后快，电烙铁头沿45°角方向移开。整个焊接过程约为3~5 s。

💡 **注意** 对于热容量小的焊接件，可以改用三步操作法，其操作步骤如下：

第一步，右手握持电烙铁，左手拿焊锡丝并与电烙铁靠近，处于随时可焊接状态。

第二步，同时加热被焊件和焊料，即同时使电烙铁头和焊锡丝触及被焊件的焊接处两侧，并熔化适量的焊料。

第三步，同时移开电烙铁和焊锡丝。当焊料的扩散范围达到要求后，迅速移开电烙铁头和焊锡丝，移开焊锡丝的时间不得迟于移开电烙铁头的时间。

5. 焊接质量的检验

焊接完成后，应对焊接质量进行检验。检验以外观检查为主，合格的焊点应没有虚、假焊，焊锡用量合适，大小均匀，表面有光泽，无拉尖、裂纹等现象。

6. 焊接时的注意事项

根据对焊点质量的检验与分析，在焊接过程中应注意以下事项：

（1）电烙铁头的温度要适当。

（2）焊接时间要适当。

（3）焊料与焊剂要适量。

（4）焊接过程中不要触动焊点。在焊点上的焊料尚未完全凝固时，不应移动焊点上的被焊元器件引线，否则焊点会变形，容易出现虚焊。

（5）焊接时切不可使电烙铁烫伤周围导线的塑胶绝缘层及元器件的表面。

三、认知整流滤波电路中的元器件

1. 电源变压器

电源变压器在电路中起电压变换的作用，它利用电磁感应原理将输入端的交流电压变换成不同电压的同频交流电压。变压器可以升高或降低电压，输出电压比输入电压高的变压器，称为升压变压器；输出电压比输入电压低的变压器，称为降压变压器。本任务使用的是输入电压为交流 220 V，输出电压为双 12 V 的变压器，如图 1—2—20 所示。变压器两根线的一端为一次绕组，三根线的一端为二次绕组，二次绕组以中心抽头为中性点，分别输出大小相等、相位相反的两组 12 V 交流电压。

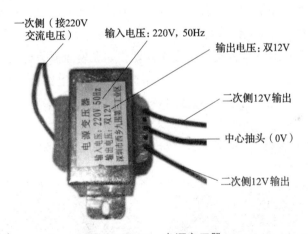

图 1—2—20　电源变压器

 职业能力培养

查阅相关资料或通过互联网检索，了解电源变压器的主要性能指标，以及选用变压器时应考虑的因素。

2. 电解电容器

电路中的滤波电容通常为电解电容器，为了保证滤波效果，一般容量都比较大。图 1—2—21 所示为电解电容器的实物图。电解电容器的引脚有正、负极性之分，在安装时要特别注意，如果正、负极性安装错误，电容器将严重漏电、发热，最终导致电容器爆裂。电解电容器的正、负极除在外壳上有标记外，还用不同长度的引脚加以区分，长引脚为正极，短引脚为负极。

电解电容器的主要指标是容量和耐压，一般在外壳上直接标注。例如，图1—2—21中电解电容器的容量为470 μF，耐压为50 V。滤波电容器的容量越大，滤波效果越好。容量相同的电容器，耐压高的可以代替耐压低的电容器。

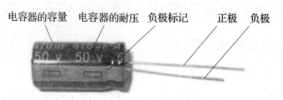

图1—2—21　电解电容器

3. 印制电路板

印制电路板（PCB）又称印刷电路板，如图1—2—22所示，它为电路中的各电子元器件提供电气连接。采用印制电路板可大大减少布线和装配的差错，提高自动化水平和生产劳动率。印制电路板按照电路板层数可分为单面板、双面板、四层板、六层板以及其他多层电路板。在印制电路板的正面有丝网印刷的元器件安装标记，为安装提供了极大的便利。元器件通过安装孔插入电路板，在电路板的背面与焊盘焊接。为了提高焊盘的可焊性，防止焊盘氧化，一般焊盘都会进行表面处理，如在表面覆盖有机保焊剂涂层，或在焊盘上镀锡等。印制电路板上非焊接区域的电路会印一层使电路板不易吃锡的物质（阻焊剂），以防止焊接时焊锡到处流淌，造成浪费，甚至造成电路短路。

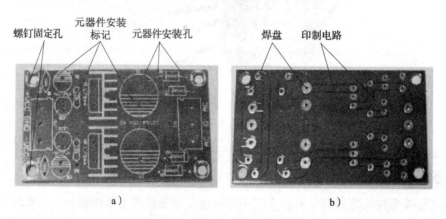

图1—2—22　印制电路板

a）印制电路板正面　b）印制电路板背面

由于本次任务比较简单，将采用万能电路板进行安装。万能电路板能够进行任意电路的安装，与具体电路无关，是电子实验中常用的一种安装电路板，它的每个焊盘都相互独立，如图1—2—23所示。

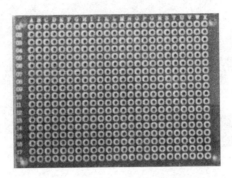

图1—2—23　万能电路板

四、整流滤波电路的安装

1. 根据原理图绘制安装接线图

绘制安装接线图前要掌握所用元器件的外形尺寸、封装形式等参数，并将元器件均匀布置在绘图区域，不能相互影响，然后对照电路原理图绘制连接线。电路走向应和原理图基本一致，布线横平竖直，不能相互交叉。图1—2—24所示为单相桥式整流滤波电路的接线示意图。

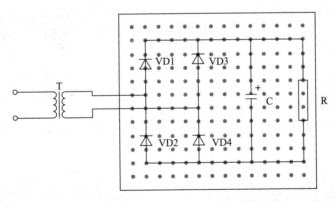

图1—2—24　单相桥式整流滤波电路的接线示意图

2. 筛选元器件

用万用表对二极管、电容器、电阻器、电源变压器进行筛选，剔除不合格的元器件。

!**操作提示**

用万用表测量电源变压器一次、二次绕组的阻值。如果是降压变压器，一般一次绕组的阻值为几百欧，二次绕组的阻值为几欧，如图1—2—25所示；如果是升压变压器则相反。

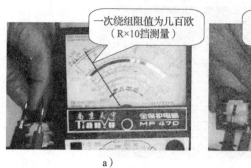

一次绕组阻值为几百欧
（R×10挡测量）

二次绕组阻值为几欧
（R×1挡测量）

a)　　　　　　　　　　　　b)

图1—2—25　变压器的检测

a) 测一次绕组阻值　b) 测二次绕组阻值

3．元器件引脚成形

本次任务中，二极管、电阻器采用卧式安装，安装前用镊子在离元器件本体1～2 mm处将引线弯成直角；电容器采用立式安装，安装前用镊子将其两根引脚拉直即可，如图1—2—26所示。

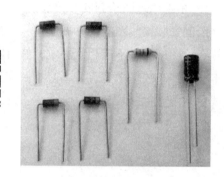

4．安装元器件

先焊接卧式安装的二极管和电阻器，使其紧贴电路板，然后焊接立式安装的电解电容器。安装好的元器件如图1—2—27所示。

图1—2—26　整流滤波电路元器件引脚成形示意图

5．焊接各焊盘间的连接线

焊盘之间的连接线焊接在万能电路板的背面，焊接时要做到横平竖直。焊接好的布线示意图如图1—2—28所示。

图1—2—27　整流滤波电路元器件安装示意图

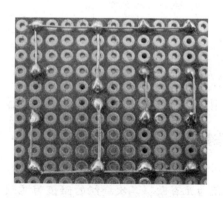

图1—2—28　整流滤波电路布线示意图

6. 安装其他部件

电源变压器、插头等元器件一般不直接安装在电路板上，要等到所有元器件安装好后再和电路板相连。

五、整流滤波电路的测试

1. LDS21010 型手提式数字示波器的使用简介

示波器是测量波形的专用仪器，型号和种类众多，但基本使用方法相同，下面以LDS21010 型手提式数字示波器为例，简单介绍示波器的使用方法。

LDS21010 型手提式数字示波器面板如图 1—2—29 所示，包括显示屏、各功能开关、旋钮、信号输入接口等。

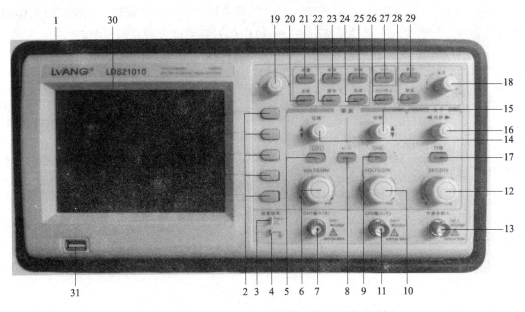

图 1—2—29　LDS21010 型手提式数字示波器面板

（1）LDS21010 型手提式数字示波器面板功能键介绍

图 1—2—29 中各序号对应部分的功能如下：

1）电源开关：按入状态为电源接通，弹出状态为电源切断。

2）菜单键：SUB1 ~ SUB5 共 5 个灰色按键，对应显示屏右侧 5 个采点显示区域，按动菜单键可以设置当前显示区域菜单的不同选项。

3）校准信号：可以选择输出 0.5 V_{P-P}，1 kHz、10 kHz、100 kHz 方波，用于校正探头方波和检测垂直通道的偏转系数。

4）GND：整机的接地端子。

5）CH1 功能键：该键用于打开或关闭 CH1 通道及菜单。

6）CH1 通道垂直偏转系数开关（VOLTS/DIV）：调节 CH1 通道衰减挡位系数。

7）CH1 通道信号输入：CH1 通道的信号接入端口。X–Y 工作方式时，作用为 X 轴信号输入端。

8）运算 MATH 功能键：按下该键打开或关闭运算功能和菜单。

9）CH2 功能键：该键用于打开或关闭 CH2 通道及菜单。

10）CH2 通道垂直偏转系数开关（VOLTS/DIV）：调节 CH2 通道衰减挡位系数。

11）CH2 通道信号输入：CH2 通道的信号接入端口。X–Y 工作方式时，作用为 Y 轴信号输入端。

12）扫描时基开关（SEC/DIV）：根据需要选择适当的扫描时间挡级。

13）外触发输入（INPUT）：外接同步信号的输入插座。

14）CH1 垂直位移旋钮：调节 CH1 波形的垂直位移，顺时针旋转，扫描线向上移动；逆时针旋转，扫描线向下移动；按下该键，CH1 信号垂直位置回显示屏中心。

15）CH2 垂直位移旋钮：调节 CH2 波形的垂直位移，顺时针旋转，扫描线向上移动；逆时针旋转，扫描线向下移动；按下该键，CH2 信号垂直位置回显示屏中心。

16）水平位移旋钮：改变显示波形水平方向的位置，按下该键将使触发位移恢复到水平零点处。

17）扫描功能键（SWEEP）：按下该键打开扫描菜单。

18）触发电平调整旋钮（LEVEL）：根据触发电平决定扫描开始的位置。

19）公用旋钮：按下该键可以设置选项或关闭弹出菜单。

20）光标测量功能键：光标模式允许用户通过移动光标进行测量，可选择手动、追踪和自动测量。

21）自动测量功能（MEASURE）：测量功能可以对 CH1、CH2 通道波形进行自动测量。

22）显示功能键：可以设置示波器的显示信息。

23）采样功能键：设置采样方式为实时或等效采样。

24）应用功能键：应用菜单可以选择示波器的语言种类，打开和关闭示波器的频率计功能，设置校正信号的频率，设置日期、时间等。

25）存储功能键：可以将当前的设置文件保存到仪器的内部存储区域或 USB 存储设备上。

26）运行/停止功能键：按下该键使波形采样在运行和停止之间切换。

27）自动功能键：自动设置仪器各项控制值，以产生适宜观察的波形显示。

28）触发功能键：可以设置触发方式、触发源、触发条件等参数。

29）单次功能键：按下该键在符合触发条件时进行一次触发，然后停止运行。

30）LED 显示屏：显示各种信息。

31）USB 接口：用于连接 USB 存储设备。

（2）LDS21010 型手提式数字示波器使用方法

1）打开电源开关。

2）将信号接入 CH1 或 CH2 通道。

3）按动 MEASURE 按键，几秒钟后就可以看到测试波形。

4）旋转 VOLTS/DIV 旋钮，改变垂直方向波形的大小。

5）旋转 SEC/DIV 旋钮，改变水平方向波形的大小。

（3）波形的读取

调整 VOLTS/DIV 和 SEC/DIV 旋钮，在示波器的屏幕上显示 5 个周期的完整波形，如图 1—2—30 所示。

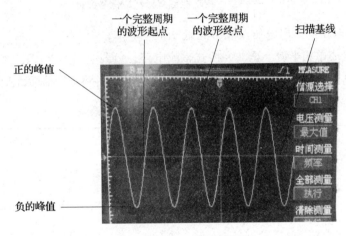

图 1—2—30 信号的波形

1）电压的读取

峰值电压有正峰值电压和负峰值电压，它的大小由此时的通道垂直偏转系数开关的位置和垂直方向所占的格数决定。若此时通道垂直偏转系数开关的位置为 5 V/DIV，垂直方向从基线数出的高度为 2 格，则此时它的峰值为 $5\text{V/DIV} \times 2\text{DIV} = 10$ V。由于波形对称，所以电压峰 – 峰值为 20 V。

2）周期的读取

在示波器显示的波形中选择一个完整的周期，一般选择波形和时间轴的交点为起点和终点，如图 1—2—30 所示。周期的大小由扫描时基开关的位置和水平方向一个周期所占的格数决定。若此时扫描时基开关 SEC/DIV 的位置为 1ms/DIV，波形的一个周期在水平方向占 4 格，则此时波形的周期为 $1\text{ms/DIV} \times 4\text{DIV} = 4$ ms。

数字示波器的波形参数还可以通过功能键直接读取，如图 1—2—31 所示为按下全部参数按钮时显示的数据。

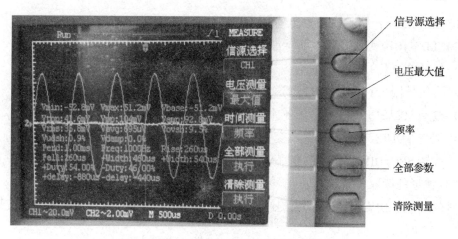

图1—2—31　用功能键直接获取信号数据

2．三种整流电路的输出电压及波形测量

分别将电路接成单相半波、全波、桥式整流电路，负载电阻为1 kΩ，用万用表测量电路的输入、输出电压，用示波器测量输入、输出电压波形，并将测量结果填入表1—2—3中。

表1—2—3　　　　　　　　三种整流电路输出电压及波形测量记录表

电路名称	单相半波整流电路	单相全波整流电路	单相桥式整流电路
输入电压 U_2			
输出电压 U_o			
输入电压 u_2 波形	$V_{P-P} =$ _____　$T =$ _____	$V_{P-P} =$ _____　$T =$ _____	$V_{P-P} =$ _____　$T =$ _____
输出电压 u_o 波形	$V_{P-P} =$ _____　$T =$ _____	$V_{P-P} =$ _____　$T =$ _____	$V_{P-P} =$ _____　$T =$ _____

！操作提示

在测量单相桥式整流电路输入电压、输出电压的波形时，不能用两个通道同时测量，一定要分别测量输入波形和输出波形，因为示波器的两个探头是共"地"的，同时测量将造成电路短路。

3. 三种单相整流电容滤波电路输出电压及波形测量

在三种整流电路中，分别接入 100 μF/25 V 滤波电容器，测量各电路的输入、输出电压及输出电压波形，并将测量结果填入表 1—2—4 中。

表 1—2—4　　　　　　　　　　电容滤波电路输出电压及波形测量记录表

电路名称	单相半波整流 电容滤波电路	单相全波整流 电容滤波电路	单相桥式整流 电容滤波电路
输入电压 U_2			
输出电压 U_o			
输出电压 u_o 波形			

结论：在输入电压相同、滤波电容容量相同、负载相同的条件下，＿＿＿＿＿＿＿电路的输出电压最低，＿＿＿＿＿＿＿电路的输出电压最高，＿＿＿＿＿＿＿电路的输出波形最平滑，＿＿＿＿＿＿＿电路的输出波形波动最大。

4. 滤波电容容量和输出电压及波形的关系实验

将电路接成单相桥式整流电容滤波电路，保持电路中的负载电阻为 1 kΩ 不变，分别将滤波电容更换为 10 μF、100 μF、470 μF 电容，测量电路的输出电压和波形，并填入表 1—2—5 中。

表1—2—5　　　　　　　滤波电容容量和输出电压及波形的关系实验记录表

滤波电容容量	电路的输出电压和波形
10 μF	$U_o =$ _____
100 μF	$U_o =$ _____
470 μF	$U_o =$ _____

结论：当负载不变时，滤波电容容量越大，输出电压波形波动越_____，输出电压越_____。

5. 负载电阻大小和输出电压及波形的关系实验

将电路接成单相桥式整流电容滤波电路，滤波电容容量为 470 μF，分别使负载电阻为 1 kΩ、510 Ω、200 Ω，测量电路的输出电压和波形，并填入表 1—2—6 中。

表 1—2—6　　　　　负载电阻大小和输出电压及波形的关系实验记录表

负载电阻大小	电路的输出电压和波形
1 kΩ	$U_o = $ _____
510 Ω	$U_o = $ _____

续表

负载电阻大小	电路的输出电压和波形
200 Ω	$U_o = $ _____

结论：当滤波电容容量保持不变时，负载电阻越大，输出电压波形波动越_____，输出电压越_____。

 职业能力培养

1. 按照下述要求，结合此前完成的任务，进行个人阶段性总结。

(1) 能识别和检测电阻、电容、整流二极管、发光二极管等元器件，并按工艺要求对引脚进行成形加工。

(2) 元器件在电路板上的布设合理、整齐、美观。

(3) 能正确完成电路的安装、检测和调试。

2. 设计一单相桥式整流电容滤波电路，要求输出电压为 12 V，输出电流大于 2 A，画出电路图，并选择元器件型号。

 任务评价

按表 1—2—7 所列项目进行任务评价，并将结果填入表中。

表 1—2—7　　　　　　　　　任务评价表

评价项目	评价标准	配分（分）	自我评价	小组评价	教师评价
职业素养	安全意识、责任意识、服从意识强	5			
	积极参加教学活动，按时完成各项学习任务	5			

续表

评价项目	评价标准	配分（分）	自我评价	小组评价	教师评价
职业素养	团队合作意识强，善于与人交流和沟通	5			
	自觉遵守劳动纪律，尊敬师长，团结同学	5			
	爱护公物，节约材料，工作环境整洁	5			
专业能力	能正确安装电路	15			
	焊接质量符合要求	10			
	能正确使用示波器	10			
	能正确完成测量内容	25			
	能根据测量数据得出结论	15			
合计		100			
总评	自我评价×20% + 小组评价×20% + 教师评价×60% =	综合等级	教师（签名）：		

注：学习任务考核采用自我评价、小组评价和教师评价三种方式，考核分为 A（90~100）、B（80~89）、C（70~79）、D（60~69）、E（0~59）五个等级。

 思考与练习

1. 什么是整流电路？整流电路有哪几种类型？
2. 画出单相全波整流电路的电路图，并简述其工作原理。
3. 画出单相桥式整流电路的电路图，并简述其工作原理。
4. 什么是滤波电路？滤波电路有哪几种类型？

课题二　基本放大电路

在实际生产生活中，经常要将一些微弱的信号放大到足够的强度。2013 年 12 月 2 日 1 时 30 分，我国在西昌卫星发射中心成功将由着陆器和"玉兔号"月球车组成的嫦娥三号探测器送入轨道，12 月 15 日 23 时 45 分"玉兔号"月球车完成围绕嫦娥三号的旋转拍照，并传回照片，但月球距地球约 38 万公里，从"玉兔号"月球车传送回来的信号是极其微弱的，为了还原信号，就必须使用高增益放大器。放大器的核心器件通常就是半导体三极管、场效应管和集成电路，本课题将重点学习半导体三极管、场效应管的结构和原理，以及以它们为核心器件组成的放大电路的相关知识。

任务 1　半导体三极管的识别与检测

学习目标

1. 能正确识别各种半导体三极管器件。
2. 了解半导体三极管的内部结构，掌握其符号的画法。
3. 掌握半导体三极管各极电流之间的关系。
4. 掌握半导体三极管输入、输出特性曲线的含义，能根据输出特性计算放大倍数。
5. 掌握半导体三极管主要参数的含义，能正确选择半导体三极管。
6. 能用万用表正确判断半导体三极管各引脚，并能熟练判断半导体三极管的好坏。

任务引入

半导体三极管是由半导体材料制作而成的电子元件，简称晶体管或三极管，它是组成各类放大电路的核心。三极管除起放大作用外，还经常作为电子开关使用。

三极管的种类很多，按照使用的材料不同，可以分成硅管和锗管；按照结构不同，可以分成 NPN 型和 PNP 型三极管；按照功率大小，可以分成小功率三极管（耗散功率 1 W 以下）和大功率三极管；按照工作频率不同，可以分成高频管（工作频率大于 3 MHz）和低频管；按照三极管在电路中的用途不同，可分成普通三极管、开关三极管等。常用三极管的外形如图 2—1—1 所示。

本任务就是学习三极管的结构、工作原理及主要参数，并学会检测三极管的基本性能。

图2—1—1　常用三极管外形

 相关知识

一、三极管的结构与类型

在一块半导体材料上，同时制造出两个距离很近的 PN 结，就形成一个三极管。它是一种三层结构的半导体器件，有三个电极，分别为发射极（E）、基极（B）、集电极（C）；有两个 PN 结，分别为发射结、集电结；有三个区，分别为发射区、基区、集电区。

三极管根据内部结构的不同，分成 PNP 型和 NPN 型两种，它们的基本结构类似，使用时只有供电极性和电流方向不同。目前，在电路中以硅 NPN 型三极管应用最为广泛。

1. PNP 型三极管结构与符号

PNP 型三极管的结构如图 2—1—2a 所示。在 P 型半导体的基片上通过杂质补偿，在中间产生一层很薄的 N 型半导体，然后在两端的 P 型半导体和中间的 N 型半导体上各引出一个电极，就构成了 PNP 型三极管。其图形符号如图 2—1—2b 所示，三极管的文字符号用 V 或 VT 表示。

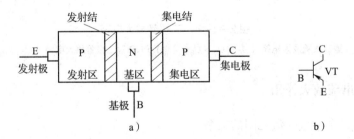

图2—1—2　PNP 型三极管结构与符号
a) PNP 型三极管结构　b) PNP 型三极管符号

2. NPN 型三极管结构与符号

在 N 型半导体的中间"插入"一片 P 型半导体，就形成了 NPN 型三极管，它的结构和符号如图 2—1—3 所示。

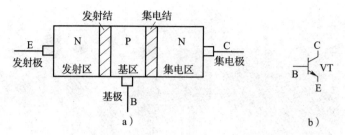

图 2—1—3　NPN 型三极管结构与符号

a) NPN 型三极管结构　b) NPN 型三极管符号

二、三极管的工作条件

三极管在结构上看似对称，但为了使三极管能正常工作，其结构有以下三个主要特点：一是三极管的基区很薄，一般只有几微米到十几微米；二是发射区的掺杂浓度比基区高；三是集电区的面积比较大。这称为三极管的内部条件。由于三极管在结构细节上存在上述特点，所以其发射极和集电极并不能交换使用。

当三极管作为放大元件使用时，它的发射结必须加正向电压，而集电结必须加反向电压，即发射结正偏，集电结反偏，如图 2—1—4 所示。这称为三极管电流放大的外部条件。

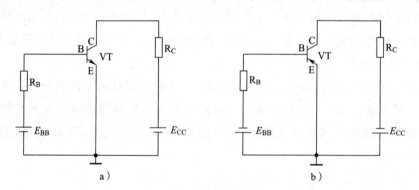

图 2—1—4　三极管放大电路

a) NPN 型三极管放大电路（$U_C > U_B > U_E$）　b) PNP 型三极管放大电路（$U_C < U_B < U_E$）

三、三极管的电流放大作用

1. 三极管三个电极电流之间的关系

三极管电流的测量电路如图 2—1—5 所示。通过测量可知，无论是 NPN 型三极管，还是 PNP 型三极管，它们的发射极电流 I_E、基极电流 I_B、集电极电流 I_C，都满足以下关系：

$$I_E = I_C + I_B$$

因为 I_B 很小，所以可近似认为：

$$I_E \approx I_C$$

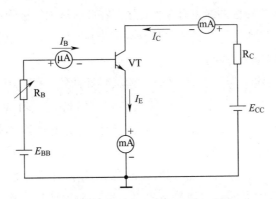

图2—1—5　三极管电流的测量电路

2. 三极管基极电流的控制作用

通过实验可以发现，三极管中 I_B 很小，但只要 I_B 有很小的变化，就会引起 I_E 和 I_C 的大幅变化，这就是通常所说的三极管的放大作用。因为三极管本身并不产生能量，根据能量守恒定律，能量不可能凭空产生，所以三极管的放大实质可以理解为较小的基极电流对较大的集电极电流的控制作用。

四、三极管的特性曲线

三极管的特性曲线描述的是三极管的各极电流和各电压之间的关系，它直接反映三极管的性能。三极管的特性曲线有输入特性曲线和输出特性曲线两种，测试电路如图2—1—6所示。

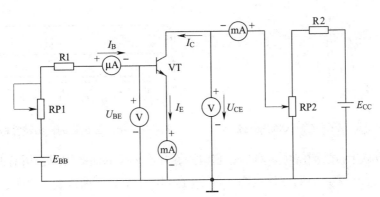

图2—1—6　三极管特性测试电路

1. 三极管的输入特性曲线

三极管的输入特性曲线是指当 U_{CE} 为某一定值时，加在三极管基极与发射极间的电压 U_{BE} 和基极电流 I_B 之间的关系。三极管的输入特性曲线和二极管的正向特性曲线基本相同，如图2—1—7所示。因为它们反映的都是 PN 结两端电压与通过电流的关系。从图中可以看出，三极管的输入特性曲线也有一个死区，在此区域内三极管不产生基极电流；只有当发射结电压 U_{BE} 大于开启电压（硅管的开启电压为 0.5 V 左右，锗管的开启电压为 0.1 V 左右）时，才产生基极电流。

图 2—1—7 中，曲线①为 $U_{CE} = 0$ V 时的输入特性曲线，曲线②为 $U_{CE} = 1$ V 时的输入特性曲线，可以看出，当 U_{CE} 增加时，曲线会右移，但当 $U_{CE} > 1$ V 后，曲线位移就会很小，基本保持曲线②位置不变。在三极管工作时，U_{BE} 电压基本保持不变，硅管约为 0.6~0.8 V，锗管约为 0.2~0.3 V。

从图中还可以看出，三极管的输入特性曲线的起始段并不是直线，即 U_{BE} 和 I_B 并不是线性关系，而为了使放大器的输出信号不失真，要求输入信号工作在输入特性的线性段，所以三极管工作时，要有合适的偏置电压，否则将产生非线性失真。

2. 三极管的输出特性曲线

三极管的输出特性曲线是指当三极管基极电流 I_B 为定值时，集电极电流 I_C 和集电极与发射极间电压 U_{CE} 之间的关系。经过实验可得，某三极管的输出特性曲线如图 2—1—8 所示。

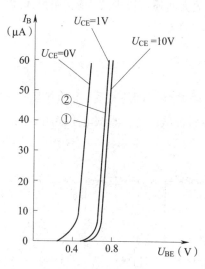

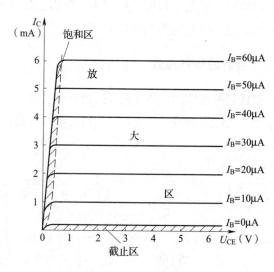

图 2—1—7　三极管的输入特性曲线　　　　图 2—1—8　三极管的输出特性曲线

从三极管输出特性曲线可以看出，它由一簇几乎平行的曲线构成，所有曲线的起始阶段都很陡，表示 I_C 随 U_{CE} 的变化很快。当 U_{CE} 达到约 1 V 后，曲线变得水平，表示 I_C 不再随 U_{CE} 的变化而变化。

三极管的输出特性曲线可以分成三个区域，分别是饱和区、截止区和放大区（见图 2—1—8），所以三极管有三种工作状态，分别是饱和状态、截止状态和放大状态。

当三极管工作在饱和区时，它的集电结和发射结都正偏，此时的 U_{CE} 称为三极管的饱和电压，用 U_{CES} 表示。一般情况下，锗管的饱和电压为 0.1 V 左右，硅管的饱和电压为 0.2~0.3 V 左右。

当三极管工作在截止区时，它的发射结反偏或发射结电压小于开启电压，基极电流为零。

当三极管工作在放大区时，它的发射结正偏，集电结反偏。

五、三极管的主要参数

1. 三极管的电流放大倍数

（1）共发射极交流电流放大倍数 β

共发射极交流电流放大倍数是指三极管有交流输入信号时，集电极电流的变化量 ΔI_C 和基极电流的变化量 ΔI_B 的比值，即：

$$\beta = \frac{\Delta I_C}{\Delta I_B}$$

（2）共发射极直流电流放大倍数 $\overline{\beta}$

共发射极直流电流放大倍数是指三极管无交流输入信号时，集电极电流 I_C 和基极电流 I_B 的比值，即：

$$\overline{\beta} = \frac{I_C}{I_B}$$

三极管的交流电流放大倍数和直流电流放大倍数含义不同，但在数值上相差不大，实际应用中都可以用 β 表示。三极管的放大倍数一般为 20 ~ 250，放大倍数太小表示三极管的放大能力弱，放大倍数太高则会导致不稳定，所以三极管的放大倍数并不是越高越好。

2. 三极管的极间反向电流

（1）集电极 – 基极反向饱和电流 I_{CBO}

集电极 – 基极反向饱和电流 I_{CBO} 是指发射极开路，三极管 C、B 之间加反向电压时，测得的反向电流，该值越小越好。由于 I_{CBO} 由少数载流子产生，所以受温度的影响较大。

（2）集电极 – 发射极反向饱和电流 I_{CEO}

集电极 – 发射极反向饱和电流 I_{CEO} 又称为穿透电流，是指基极开路，三极管 C、E 之间加一定电压时的电流，该值越小越好。由于 I_{CEO} 也是由少数载流子产生，所以它也会受温度的影响。

3. 三极管的极限参数

（1）集电极最大允许电流 I_{CM}

集电极电流 I_C 过大时，三极管的 β 值要降低，一般规定 β 值下降到额定值的 2/3 时的 I_C 值，称为集电极最大允许电流 I_{CM}。

（2）集电极 – 发射极反向击穿电压 $U_{(BR)CEO}$

集电极 – 发射极反向击穿电压 $U_{(BR)CEO}$ 是指当基极开路时，加在集电极和发射极之间的最大允许电压。

（3）集电极最大允许耗散功率 P_{CM}

集电极电流 I_C 流经集电结时将产生热量，使三极管温度升高，从而会引起其参数变化。三极管因受热而引起的参数变化不超过允许值时的最大集电极耗散功率，称为集电极最大允许耗散功率 P_{CM}。P_{CM} 是三极管在一定的散热条件下测得的，所以三极管在使用时要加装合适的散热片。

三极管是半导体器件，而半导体器件受温度的影响较大，当温度上升时，三极管的 U_{BE} 会下降，β、I_{CBO}、I_{CEO} 将上升。

 职业能力培养

现有型号为 S9013D、S9015B、3DD15C、3CK2E 的四种三极管，查阅有关手册或其他资料后将其主要参数填入表 2—1—1 中。

表 2—1—1　　　　　　　　　　　几种三极管的主要参数

三极管型号	管型	材料	$\bar{\beta}$	I_{CEO} （mA）	I_{CM} （mA）	$U_{(BR)CEO}$ （V）	P_{CM} （mW）
S9013D							
S9015B							
3DD15C							
3CK2E							

六、三极管的识别与检测

1. 三极管各引脚的识别

三极管的引脚排列方式很多，其因外壳封装形式的不同而不同。对于采用 TO18、TO39 封装形式的三极管，识别其引脚时，应面对管底，由定位标志起，按顺时针方向，引脚依次为发射极 E、基极 B、集电极 C，如图 2—1—9 所示。采用此封装形式的三极管有 3DG6、3DG12 等。

采用 TO218、TO220 封装形式的三极管的引脚排列如图 2—1—10 所示。面对三极管正面（型号打印面），引脚向下，左边为基极 B，中间为集电极 C，右边为发射极 E。和它采用类似封装形式的 TO3PN、TO3PL、TO247、TO202 等三极管，除外形尺寸有一定的差异外，引脚的排列形式相同。采用此封装形式的三极管有 C2073、D880 等。

采用 TO3 封装形式的三极管的引脚排列如图 2—1—11 所示。它的外壳为集电极 C，面对管底，使引脚位于右侧，则上面的引脚为基极 B，下面的引脚为发射极 E。采用此封装形式的三极管有 3DD15、2N3055 等。

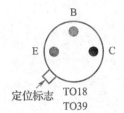

图 2—1—9 TO18、TO39 封装　　　　图 2—1—10 TO218、TO220 封装

三极管的引脚排列　　　　　　　　　三极管的引脚排列

采用 TO92 封装形式的三极管的引脚排列方式有 TO92A、TO92B、TO92C 三种，如图 2—1—12 所示。它们的外形完全一致，但引脚排列不同，即使是相同型号的三极管，也有此三种不同的封装形式。采用此封装形式的三极管有 S9013、S9014 等。

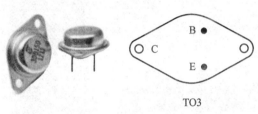

图 2—1—11 TO3 封装三极管的引脚排列　　　图 2—1—12 TO92 封装三极管的引脚排列

2. 用万用表判断三极管引脚

由前面的介绍可知，采用 TO92 封装的三极管有 TO92A、TO92B、TO92C 三种封装形式，通常不能从外形上准确分辨出它的三个引脚，因此需要用万用表来判断。

（1）用数字式万用表判断三极管引脚

用数字式万用表判断三极管的引脚时，挡开关放置在 位置。为便于介绍，将测量时万用表显示"1"的状态定义为"不通"，显示几百数字的状态定义为"通"。测量一般分成两个步骤。

1）判断基极和管型。先假设其中一个引脚是基极，用万用表的红表笔接触它，再用黑表笔分别接触另外两个引脚，可能出现三种情况：

①两次测量都通，如图 2—1—13 所示。此时，红表笔接的是基极，三极管为 NPN 型。

②有一次测量通，另一次测量不通，如图 2—1—14 所示，说明假设错误，红表笔接的不是基极。

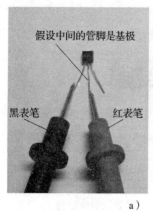

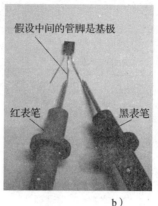

a)   b)

图 2—1—13   两次测量都通

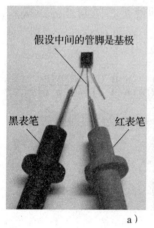

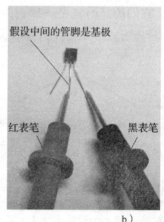

a)   b)

图 2—1—14   两次测量一次通、一次不通

③两次测量都不通，如图 2—1—15 所示。此时，需交换红、黑表笔再次测量，即用黑表笔接触假设的基极，红表笔分别接触其他两个引脚。测量结果有两种情况：一是交换表笔后的测量有一次测量通，另一次测量不通，则此次假设是错误的，黑表笔接的不是基极；二是交换表笔后的两次测量都通，则表示假设正确，黑表笔接的是基极，三极管为 PNP 型。

2）判断三极管的 E、C 极。将数字式万用表的挡开关放置在 ■hFE■ 挡，根据三极管管型，将其插入对应的测量孔中，如图 2—1—16a 所示。此时，基极和管型已经确定，不要插错。对于另外两个引脚，可先假设其中一个是 E 极，另一个是 C 极，读出数据；再将C、E 极交换重新测量。两次测量中有一次读数是几倍至十几倍，另一次读数为几十至二百多倍，则数字大的一次假设是正确的。此时数字式万用表显示的数字为三极管的放大倍数。图 2—1—16 所示三极管的放大倍数为 229 倍。

对于 TO92 封装的三极管，如果测量出的基极不是在中间，则它一般采用的是 TO92A封装形式，中间的一个引脚是 C 极，另一个引脚是 E 极。

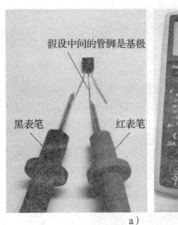

图 2—1—15　两次测量都不通

图 2—1—16　判断三极管 E、C 极

a）三极管引脚插法　b）三极管的放大倍数

（2）用模拟式万用表判断三极管引脚

用模拟式万用表判断三极管引脚时，使用万用表的 R×100 或 R×1 k 挡进行测量，测量方法和步骤与用数字式万用表测量时相同。但要注意：在判断三极管管型时，数字式万用表和模拟式万用表的判断条件刚好相反。例如，在用模拟式万用表测量时，当红表笔接基极，黑表笔接另外两个引脚都通时，三极管是 PNP 型；如果用数字式万用表测量，当红表笔接基极，黑表笔接另外两个引脚都通时，三极管是 NPN 型。

区分三极管 E、C 引脚依然可采用万用表的 **hFE** 挡。此外还有一种快速判断三极管 E、C 引脚的方法，即使用模拟式万用表的 R×10 k 挡。具体方法是：判断出三极管的基极后，用万用表的 R×10 k 挡分别测量基极和另外两个引脚的反向电阻，反向电阻值小的一次表笔接触的是发射极，它利用了三极管发射结的反向击穿电压一般都比集电结的反向击穿电压低的原理。此方法对大部分三极管都是有效的。如图 2—1—17 所示为 NPN 型三极管 S9014 的实际测量结果。

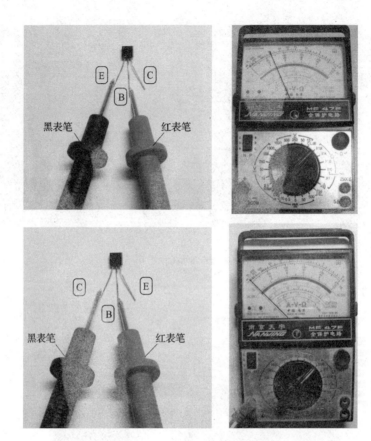

图2—1—17 用R×10 k挡快速判断E、C引脚

3．三极管好坏的判断

在判断三极管好坏时，模拟式万用表使用R×100或R×1 k挡，数字式万用表使用 ⏻⏭ 挡，方法和判断二极管好坏的方法相同。因为三极管有两个PN结，所以需分别测量发射结和集电结是否有损坏，如果两个PN结都是好的，则三极管是好的；否则，说明三极管已损坏。三极管C、E引脚之间的正、反向电阻一般都是无穷大。

💡**注意**

上述判断三极管好坏的方法，对于中、小功率三极管和部分大功率三极管都是适用的，但有些特殊用途的三极管，其C、E极之间并联有二极管，B、E极之间有时还并联有电阻器，如开关电源的开关管、彩色电视机的行输出管等，在测量此类三极管时，则不能据此判断三极管的好坏。测量三极管时，一般不建议采用R×10 k挡，因为该挡的表内电压较高，容易击穿半导体器件，故三极管测量中常用的挡为R×100和R×1 k挡。

七、三极管命名方法

国产三极管是根据使用的半导体材料和用途等进行命名的，具体命名方法见表2—1—2。

表 2—1—2 三极管型号的命名方法

第一部分		第二部分		第三部分		第四部分	第五部分
用数字表示器件的电极数目		用汉语拼音字母表示器件的材料和极性		用汉语拼音字母表示器件的类型		用数字表示器件的序号	用汉语拼音字母表示规格号
符号	意义	符号	意义	符号	意义		
3	三极管	A B C D	PNP 型锗材料 NPN 型锗材料 PNP 型硅材料 NPN 型硅材料	X G D A T Y CS FH	低频小功率管 高频小功率管 低频大功率管 高频大功率管 半导体晶闸管 体效应器件 场效应管 复合管	反映三极管参数的差别	反映三极管承受反向击穿电压的高低，如 A、B、C、D 等，其中 A 承受的反向击穿电压最低，B 稍高

例如：

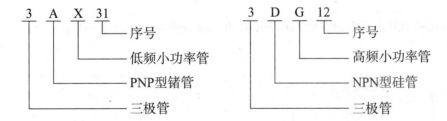

国外三极管型号命名方法与我国不同。凡以"2N"开头的三极管都是美国制造或以美国专利在其他国家制造的产品，如 2N6275、2N5410 等，以"2S"开头的则为日本注册产品，其中数字"2"的含义为器件有 2 个 PN 结。后面数字为登记序号，通常数字越大，产品越新。

 任务实施

一、器材准备

1. 仪表

0～30 V 直流稳压电源 1 台，MF47 型模拟式万用表、DT－9205A 型数字式万用表各 1 块，5 V、50 V 直流电压表各 1 块（也可用数字式万用表），100 mA、100 μA 直流电流表各 1 块（也可用数字式万用表）。

2. 元器件

实施本任务所需的电子元器件见表 2—1—3。

表 2—1—3 电子元器件明细表

序号	名称	型号规格	数量	单位
1	三极管	S9013	1	个
2	三极管	3DD15	1	个
3	三极管	C2073	1	个
4	三极管	S9012	1	个
5	三极管	3AX31	1	个
6	三极管	3DG6	1	个
7	已损坏三极管	任意型号	若干	个
8	电位器	200 kΩ	1	个
9	电位器	10 kΩ	1	个
10	电阻器	10 kΩ	1	个
11	电阻器	100 Ω	1	个

二、用万用表判断三极管的引脚

用万用表判断三极管的引脚，并测量 β 值，将结果填入表 2—1—4 中。

表 2—1—4 三极管引脚测量记录表

序号	三极管型号	三极管管型	β	引脚排列（绘图表示）
1	S9013			
2	3DD15			
3	C2073			
4	S9012			
5	3AX31			
6	3DG6			

三、用万用表检测三极管好坏（测量采用 MF47 型模拟式万用表）

对三极管质量进行检测，并将测量结果填入表 2—1—5 中。

表 2—1—5　　　　　　　　　　三极管质量检测记录表

序号	三极管型号	万用表挡位	B—C 间正、反向电阻		B—E 间正、反向电阻		E—C 间电阻		质量判断
			正向	反向	正向	反向	红表笔接 E	红表笔接 C	
1	S9013								
2	3DD15								
3	C2073								
4	S9012								
5	3AX31								
6	3DG6								

四、测量三极管输出特性曲线

三极管输入特性曲线的测试方法和二极管正向特性的测试方法基本相同，这里不再赘述。

三极管输出特性曲线的测试电路如图 2—1—18 所示。三极管型号为 S9013。

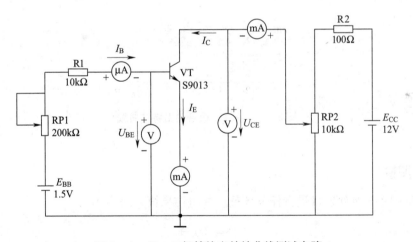

图 2—1—18　三极管输出特性曲线测试电路

按照图 2—1—18 连接好电路，调整 RP1 使基极电流 I_B 分别等于 0 μA、10 μA、20 μA、30 μA、40 μA、50 μA，调整 RP2 使 U_{CE} 电压依次从 0 V 变化到 6 V，测量集电极电流 I_C，并将测得的 I_C 值填入表 2—1—6 中。

！操作提示

调整好 I_B 后，由于 U_{CE} 的变化，会使 I_B 稍有变化，此时要再次调整 RP1 使 I_B 达到规定的数值，即 RP1 和 RP2 要反复调整。

表2—1—6 三极管输出特性曲线测量记录表

U_{CE}（V）	0	0.2	0.4	0.6	0.8	1	3	6
I_C（$I_B = 0$ μA）								
I_C（$I_B = 10$ μA）								
I_C（$I_B = 20$ μA）								
I_C（$I_B = 30$ μA）								
I_C（$I_B = 40$ μA）								
I_C（$I_B = 50$ μA）								

根据表2—1—6中的数据，在图2—1—19中绘制三极管输出特性曲线。

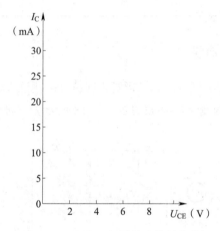

图2—1—19 三极管输出特性曲线

任务评价

按表2—1—7所列项目进行任务评价，并将结果填入表中。

表2—1—7 任务评价表

评价项目	评价标准	配分（分）	自我评价	小组评价	教师评价
职业素养	安全意识、责任意识、服从意识强	5			
	积极参加教学活动，按时完成各项学习任务	5			
	团队合作意识强，善于与人交流和沟通	5			
	自觉遵守劳动纪律，尊敬师长，团结同学	5			
	爱护公物，节约材料，工作环境整洁	5			

续表

评价项目	评价标准	配分（分）	自我评价	小组评价	教师评价
专业能力	能正确使用万用表	10			
	能正确判断三极管引脚	10			
	能正确检测三极管质量	10			
	能正确搭接测试电路	15			
	能正确完成测量项目	15			
	能根据测量结果绘制特性曲线	15			
合计		100			
总评	自我评价×20% + 小组评价×20% + 教师评价×60% =	综合等级	教师（签名）：		

注：学习任务考核采用自我评价、小组评价和教师评价三种方式，考核分为 A（90~100）、B（80~89）、C（70~79）、D（60~69）、E（0~59）五个等级。

思考与练习

1. 三极管的主要参数有哪些？

2. 根据表 2—1—6 中的测量数据，求三极管的 β 和 $\overline{\beta}$。

3. 有一个三极管，当 I_{B1} 为 5 μA 时，I_{C1} 为 0.5 mA，当 I_{B2} 为 20 μA 时，I_{C2} 为 2 mA，则三极管的 β 和 $\overline{\beta}$ 各为多少？

任务2　共发射极放大电路的安装与调试

学习目标

1. 掌握共发射极放大电路的组成和各元件的作用。

2. 能画出电路的直流通路和交流通路。

3. 能计算共发射极放大电路的静态工作点、放大倍数、输入和输出电阻。

4. 能正确安装、调试共发射极放大电路。

5. 进一步掌握万用表、信号发生器、示波器的使用方法。

任务引入

用话筒唱歌时，动圈话筒只有 5 mV 左右的输出电压，而推动扬声器发声需要几伏甚至几十伏的电压，话筒的小信号必须通过一个装置进行"放大"，这就是放大器，放大器的核心电路是放大电路。

根据输入信号、输出信号和三极管的连接方法不同，三极管放大电路分为共发射极放大电路、共集电极放大电路和共基极放大电路三种。其中，共发射极放大电路是最常用的一种放大电路。本次任务重点是掌握共发射极放大电路的分析方法，并完成共发射极放大电路的安装与调试。

 相关知识

一、共发射极放大电路组成及原理

共发射极放大电路如图2—2—1所示，如前所述，三极管要有放大作用，必须满足发射结正偏、集电结反偏的要求。在图2—1—4中，分别使用E_{BB}、E_{CC}两组电源为三极管供电，以满足发射结正偏、集电结反偏的外部条件，但在实际电路中，往往将两组电源合二为一，如图2—2—1a所示。图中E_{CC}是直流电源，它是整个电路的能源中心，由于电源的内阻很小，电源的端电压V_{CC}和电动势E_{CC}的值几乎相同，所以共发射极放大电路常采用图2—2—1b所示的习惯画法。

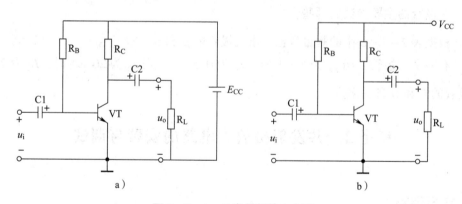

图2—2—1 共发射极放大电路

a）单电源共发射极放大电路 b）共发射极放大电路的习惯画法

1. 共发射极放大电路的组成

共发射极放大电路由三极管、偏置电阻、输入电容、输出电容、电源等组成。三极管VT是放大电路的核心器件，起"放大"作用；R_B为基极偏置电阻，为发射结提供正向偏置电压，保持发射结正偏；R_C为集电极偏置电阻，为集电结提供反向偏置电压，同时将集电极电流的变化量变换成集电极电压的变化量；C1、C2为耦合电容，在电路中起"隔直通交"的作用，为了保证交流信号能无损通过电容器，电路中耦合电容的容量需足够大，对于交流信号而言，电容器相当于短路；R_L是负载电阻。图中"⊥"符号为信号的公共端，也称为

62

"信号地"。

2. 符号使用规定

三极管放大电路中，交流量、直流量共存，为了避免混淆，对电压和电流符号的使用做以下规定：

(1) 直流分量，用大写变量和大写下标表示，如基极的直流电流为 I_B。

(2) 交流分量，用小写变量和小写下标表示，如基极的交流电流为 i_b。

(3) 总瞬时值，用小写变量和大写下标表示，如基极电流的总量为 i_B。

(4) 交流有效值，用大写变量和小写下标表示，如基极交流电流的有效值为 I_b。

3. 共发射极放大电路的工作原理

由于电容器对于交流信号相当于短路，实际上输入信号 u_i 就是加在三极管的基极与发射极之间。输出信号 u_o 是从电容器 C2 的负极和信号地之间引出，即从三极管的集电极和发射极之间引出。由于输入信号和输出信号都使用了三极管的发射极作为信号的地线（公共端），所以该电路称为三极管共发射极放大电路。

当交流信号 u_i 接入电路后，交流信号 u_i 和直流偏置电压 U_{BE} 相加，形成 u_{BE}，而 u_{BE} 的变化将会引起 i_B 的变化，i_B 经过三极管被放大 β 倍得到 i_C，i_C 通过电阻 R_C 后得到 u_{CE}，u_{CE} 通过耦合电容 C2 时，滤除了其中的直流分量，输出纯交流信号 u_o。输出信号 u_o 在幅度上较输入信号 u_i 将有几十倍甚至上百倍的变化，这就是共发射极放大电路的工作原理。

二、共发射极放大电路分析

1. 直流通路和交流通路

在三极管放大电路中，直流量与交流量共存于放大电路中。由于电容、电感等元件的存在，电路中的直流量与交流量将流经不同的通路。为了分析电路方便，将直流分量流经的路径称为直流通路，交流分量流经的路径称为交流通路。

画直流通路时，将电路中所有的电容器视为开路，电感视为短路，电阻与电源保留。例如，图 2—2—1 所示电路的直流通路如图 2—2—2 所示。

画交流通路时，将电路中所有的电容器、电源视为短路，电感视为开路，电阻保留原位置不变。例如，图 2—2—1 所示电路的交流通路如图 2—2—3 所示。

2. 估算静态工作点

在放大电路中，输入信号 u_i 为零时的电路状态称为电路的静态。此时的 I_B、U_{BE}、I_C、U_{CE} 称为电路的静态工作点（Q 点），分别用 I_{BQ}、U_{BEQ}、I_{CQ}、U_{CEQ} 表示。

分析电路静态工作点需使用直流通路，如图 2—2—4 所示。调整电路中的 R_B、R_C 的阻值或 V_{CC} 的大小，都可以使静态工作

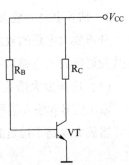

图 2—2—2 共发射极
放大电路的直流通路

点发生变化，但在实际电路中通常是通过调整 R_B 的阻值来调整电路的静态工作点，所以 R_B 在电路中常采用可变电阻器。

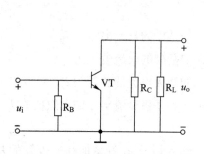 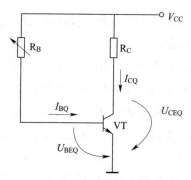

图2—2—3　共发射极放大电路的交流通路　　图2—2—4　共发射极放大电路的静态工作点

由于 PN 结的导通电压，硅管约为 $0.6 \sim 0.8$ V，锗管约为 $0.2 \sim 0.3$ V，几乎为一定值，所以在三极管放大电路计算中，硅管的 U_{BEQ} 以 0.7 V 估算，锗管的 U_{BEQ} 以 0.2 V 估算。

电路的静态工作点用以下公式计算：

$$I_{BQ} = \frac{V_{CC} - U_{BEQ}}{R_B}$$

$$I_{CQ} = \beta I_{BQ}$$

$$U_{CEQ} = V_{CC} - I_{CQ}R_C$$

【例2—2—1】 在图 2—2—1 所示电路中，$R_B = 300$ kΩ，$R_C = 2$ kΩ，三极管为硅管，$\beta = 100$，$V_{CC} = 12$ V，求电路的静态工作点 I_{BQ}、I_{CQ}、U_{CEQ}。

解：

$$I_{BQ} = \frac{V_{CC} - U_{BEQ}}{R_B} = \frac{12 \text{ V} - 0.7 \text{ V}}{300 \text{ k}\Omega} \approx 0.037\ 7 \text{ mA} = 37.7 \text{ } \mu A$$

$$I_{CQ} = \beta I_{BQ} = 100 \times 37.7 \text{ } \mu A = 3\ 770 \text{ } \mu A = 3.77 \text{ mA}$$

$$U_{CEQ} = V_{CC} - I_{CQ}R_C = 12 \text{ V} - 3.77 \text{ mA} \times 2 \text{ k}\Omega = 4.46 \text{ V}$$

3. 估算电路的放大倍数、输入和输出电阻及增益

分析放大电路的放大过程和交流参数，必须以交流通路为依据。下面以图 2—2—1 所示共发射极放大电路为例进行介绍。

（1）电压放大倍数

输出信号和输入信号幅度的比值称为放大倍数，它是描述放大电路放大能力的重要指标。

当放大电路不接负载电阻时，放大器的放大倍数 A_u 为：

$$A_u = \frac{u_o}{u_i} = -\beta \frac{R_C}{r_{be}}$$

当放大电路接负载电阻时，放大器的放大倍数 A_u 为：

$$A_u = \frac{u_o}{u_i} = -\beta \frac{R'_L}{r_{be}}$$

式中，负号表示输出信号的相位和输入信号的相位相反，即它们在相位上相差 $180°$；R'_L 为电路的总负载电阻，且 $R'_L = R_L // R_C$；r_{be} 为三极管的输入电阻，低频小信号时 $r_{be} = 300 + (1 + \beta)\dfrac{26 \text{ mV}}{I_{EQ}}$ (Ω)，I_{EQ} 单位为 mA。

（2）电路的输入电阻

放大器对于前级信号源而言，依然是一个负载，它要从信号源中获取部分能量。其输入电阻是放大器输入端对交流分量而言的动态电阻，此电阻越大，从前级信号源获取的能量就越小，有利于减小前级信号源的负担，所以一般要求输入电阻大一些为好。输入电阻的计算公式如下：

$$r_i = R_B // r_{be}$$

（3）电路的输出电阻

放大电路对负载而言也是一个信号源，其输出电阻是放大器输出端对交流分量而言的动态电阻，输出电阻越小，放大器的带负载能力越强。输出电阻 r_o 为 R_C 与 r_{ce} 的并联，由于 $r_{ce} \gg R_C$，所以输出电阻 $r_o \approx R_C$。输出电阻一般要求小一些为好。

（4）电路的增益

放大电路的电压放大倍数、电流放大倍数、功率放大倍数经常用增益来表示，增益的单位为分贝（dB），规定如下：

电压增益　$G_u = 20 \lg A_u$ （dB）

电流增益　$G_i = 20 \lg A_i$ （dB）

功率增益　$G_P = 10 \lg A_P$ （dB）

计算增益时的放大倍数采用绝对值。用增益表示放大倍数可以简化运算，有时也是电子电路分析中的特定要求。表 2—2—1 为常用电压放大倍数和增益的关系，供计算时查用。

表 2—2—1　　　　　　　　　　常用电压放大倍数和增益的关系

A_u（倍）	0.001	0.01	0.1	0.2	0.707	1	2	3	10	100	1 000
G_u（dB）	−60	−40	−20	−14	−3	0	6.0	9.5	20	40	60

在计算电路增益时，有时会出现负数，如 −20 dB，对应的放大倍数为 0.1 倍，即信号没有被放大，而是被衰减了 10 倍。

【例 2—2—2】在图 2—2—1 所示电路中，$R_B = 300$ kΩ，$R_C = 2$ kΩ，$R_L = 2$ kΩ，三极管为硅管，$\beta = 100$，$V_{CC} = 12$ V，求电路的 A_u、r_i、r_o。

解：

由例 2—2—1 可知：$I_{CQ} = 3.77$ mA，所以 $I_{EQ} \approx 3.77$ mA。

$$r_{be} = 300 + (1+\beta)\frac{26 \text{ mV}}{I_{EQ}} = 300 + (1+100) \times \frac{26 \text{ mV}}{3.77 \text{ mA}} = 996.6 \ \Omega \approx 1 \text{ k}\Omega$$

$$R'_L = R_L // R_C = 2 \text{ k}\Omega // 2 \text{ k}\Omega = 1 \text{ k}\Omega$$

$$A_u = -\beta \frac{R'_L}{r_{be}} = -100 \times \frac{1 \text{ k}\Omega}{1 \text{ k}\Omega} = -100$$

$$r_i = R_B // r_{be} = 300 \text{ k}\Omega // 1 \text{ k}\Omega \approx 1 \text{ k}\Omega$$

$$r_o = R_C = 2 \text{ k}\Omega$$

4. 图解分析法

图解分析法是另一种分析放大电路的方法，它是在三极管的输入特性曲线和输出特性曲线上，利用作图的方法求解电路。图解分析法的直观性强，可以通过所作图形直接反映出电路的静态工作点是否合适，电路是否存在失真。下面仍以图 2—2—1 所示电路为例，介绍图解分析法。

（1）静态工作点分析

1）输入回路的静态分析

分析电路的直流通路可得，直流偏置电压 U_{BE} 和基极电流 I_B、电源电压 V_{CC}、基极偏置电阻 R_B 的关系如下：

$$U_{BE} = V_{CC} - I_B R_B$$

该方程称为直流偏置方程。在三极管输入特性曲线上作直流偏置方程的直线，交输入特性曲线于"Q"点，该点就是电路的静态工作点。从 Q 点分别向纵坐标轴和横坐标轴作垂线，就可得到 I_{BQ} 和 U_{BEQ}，如图 2—2—5 所示，图中 I_{BQ} 约为 35 μA，U_{BEQ} 约为 0.7 V。

2）输出回路的静态分析

根据方程 $U_{CE} = V_{CC} - I_C R_C$ 在三极管输出特性曲线上所作的直线称为直流负载线，其与 I_{BQ} 的交点就是静态工作点 Q，以 Q 点分别向纵坐标轴和横坐标轴作垂线，就可得到 I_{CQ} 和 U_{CEQ}，如图 2—2—6 所示，图中 I_{CQ} 约为 3.5 mA，U_{CEQ} 约为 5 V。

（2）动态分析

1）输入回路的动态分析

由静态分析可知，I_{BQ} 为 35 μA，U_{BEQ} 为 0.7 V，I_{CQ} 为 3.5 mA，U_{CEQ} 为 5 V。假设在电路的输入端输入一交流信号 $u_i = 0.02\sin\omega t$ V，由于静态工作点的 U_{BEQ} 为 0.7 V，所以加在三极管基极的信号 $u_{BE} = (0.7 + 0.02\sin\omega t)$ V，它的幅度将在 0.68 ~ 0.72 V 之间变化，通过作图可以得到 I_{BQ} 在 20 ~ 50 μA 之间变化，如图 2—2—7 所示。

2）输出回路的动态分析

在图 2—2—6 中的纵坐标轴上取 $(0, V_{CC}/R'_L)$，横坐标轴上取 $(V_{CC}, 0)$，作一条辅助线，然后再过 Q 点作辅助线的平行线，得到的直线就是交流负载线，如图 2—2—8 所示。

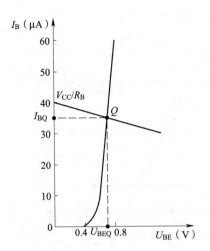

图 2—2—5 共发射极放大电路输入
回路静态分析

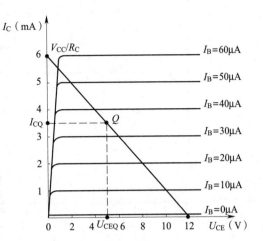

图 2—2—6 共发射极放大电路输出
回路静态分析

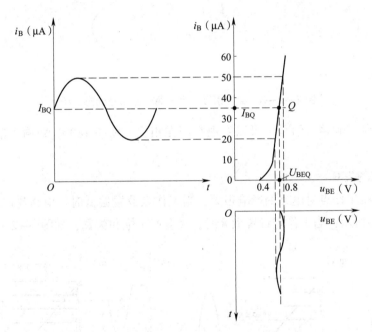

图 2—2—7 共发射极放大电路输入回路动态分析

交流负载线和 $I_B = 20$ μA、$I_B = 50$ μA 对应曲线分别有一个交点，从这两个交点分别向纵坐标轴作垂线就得到了 i_C 的动态范围，分别向横坐标轴作垂线就得到了 u_o 的变化范围。从图中可以看出，输出电压的最大值约为 1.5 V，而输入电压的最大值是 0.02 V，所以电路的放大倍数约为：

$$A_u = \frac{u_o}{u_i} = \frac{1.5}{0.02} = 75$$

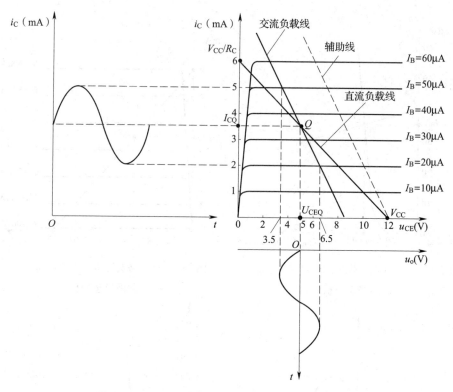

图 2—2—8 共发射极放大电路输出回路动态分析

比较输出信号和输入信号，可以发现它们在相位上相差 180°，即输入信号与输出信号反相。

（3）电路的失真

电路的静态工作点对电路的影响很大，当工作点设置偏低时，电路易出现截止失真，如图 2—2—9a 所示；当工作点设置太高时，又会产生饱和失真，如图 2—2—9b 所示。

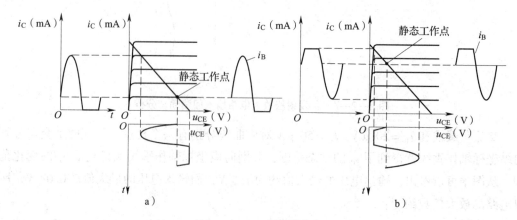

图 2—2—9 电路的失真

a）截止失真 b）饱和失真

在实验中有时还会看到，波形上下都失真的现象，即既发生了截止失真又发生了饱和失真，此情况是由于输入信号的幅度太大造成的，说明此时的电路和输入信号不匹配，需重新设计电路参数。

静态工作点设置在交流负载线的中心位置时，可以获得最大的动态范围，可放大的输入信号的幅度也最大。但在实际应用中，在保证输出信号不失真的前提下，静态工作点应尽量小一点，以减小电路的功耗。

三、分压式偏置共发射极放大电路

放大电路有合适的静态工作点是电路正常工作的前提，否则将引起严重的失真。对于简单偏置的放大电路，当温度、电源电压、三极管 β 值发生变化时，或者维修电路时更换了新的三极管后，电路的静态工作点都会发生变化。为了使电路工作恢复正常，就必须重新调整静态工作点，这给维修带来了极大的不便，同时电路工作也不稳定。为了解决以上问题，需要采用能自行稳定工作点的放大电路，如图 2—2—10 所示，该电路称为分压式偏置放大电路。电路中，R_{B1} 为上偏置电阻，R_{B2} 为下偏置电阻，R_E 为发射极电阻，C_E 为交流旁路电容，R_C 为集电极电阻，C1、C2 为耦合电容。为了使交流分量不受损耗，电路中的电容容量为足够大。

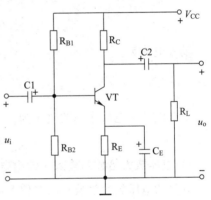

图 2—2—10 分压式偏置放大电路

1. 分压式偏置共发射极放大电路的直流通路和交流通路

分压式偏置共发射极放大电路的直流通路如图 2—2—11a 所示，交流通路如图 2—2—11b 所示。

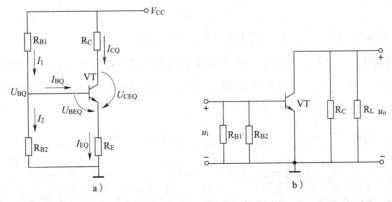

图 2—2—11 分压式偏置共发射极放大电路的直流通路与交流通路

a）直流通路 b）交流通路

2. 分压式偏置共发射极放大电路静态工作点的估算

分压式偏置共发射极放大电路静态工作点的计算方法如下：

首先计算 U_{BQ}，由于在电路设计时，已通过适当选择 R_{B1} 和 R_{B2} 的值，使流过偏置电阻 R_{B1} 的电流 $I_1 \gg I_{BQ}$，所以 U_{BQ} 为 V_{CC} 在 R_{B2} 上的分压：

$$U_{BQ} = \frac{R_{B2}}{R_{B1} + R_{B2}} V_{CC}$$

发射极电流为：

$$I_{EQ} = \frac{U_{BQ} - U_{BEQ}}{R_E}$$

因为 $I_{EQ} \approx I_{CQ}$，所以集电极电流为：

$$I_{CQ} \approx \frac{U_{BQ} - U_{BEQ}}{R_E}$$

基极电流为：

$$I_{BQ} = \frac{I_{CQ}}{\beta}$$

发射极与集电极之间的电压为：

$$U_{CEQ} = V_{CC} - I_{CQ}(R_C + R_E)$$

3. 电压放大倍数与输入、输出电阻的估算

电路的电压放大倍数和简单偏置放大电路的放大倍数相同，即：

$$A_u = \frac{u_o}{u_i} = -\beta \frac{R_L'}{r_{be}}$$

输入电阻 r_i 为：

$$r_i = R_{B1} // R_{B2} // r_{be}$$

输出电阻 r_o 为：

$$r_o \approx R_C$$

4. 分压式偏置共发射极放大电路的工作点稳定过程

在实际工作时，三极管的静态工作点会受到多种因素的影响，其中温度变化是一种常见的现象。当温度升高时，三极管的 β 值会变大，从而导致 I_{CQ} 上升，即电路的工作点产生漂移，此时电路工作点的稳定过程如下：

$$温度\ T\uparrow \to I_{CQ}\uparrow \to I_{EQ}\uparrow \to U_{EQ}\uparrow (由于\ U_{BQ}\ 不变) \to U_{BEQ}\downarrow$$

$$I_{CQ}\downarrow \leftarrow I_{BQ}\downarrow \leftarrow$$

【例 2—2—3】在图 2—2—10 所示电路中，$R_{B1} = 30\ k\Omega$，$R_{B2} = 10\ k\Omega$，$R_C = 1\ k\Omega$，$R_E = 500\ \Omega$，$R_L = 1\ k\Omega$，$V_{CC} = 12\ V$，三极管为硅管，$\beta = 100$，求电路的静态工作点及 A_u、r_i、r_o。

解：

$$U_{BQ} = \frac{R_{B2}}{R_{B1} + R_{B2}} V_{CC} = \frac{10 \text{ k}\Omega}{30 \text{ k}\Omega + 10 \text{ k}\Omega} \times 12 \text{ V} = 3 \text{ V}$$

$$I_{EQ} = \frac{U_{BQ} - U_{BEQ}}{R_E} = \frac{3 \text{ V} - 0.7 \text{ V}}{500 \text{ }\Omega} = 0.004\ 6 \text{ A} = 4.6 \text{ mA}$$

$$I_{CQ} \approx I_{EQ} = 4.6 \text{ mA}$$

$$I_{BQ} = \frac{I_{CQ}}{\beta} = \frac{4.6 \text{ mA}}{100} = 0.046 \text{ mA} = 46 \text{ }\mu\text{A}$$

$$U_{CEQ} = V_{CC} - I_{CQ}(R_C + R_E) = 12 \text{ V} - 4.6 \text{ mA} \times (1 \text{ k}\Omega + 500 \text{ }\Omega) = 5.1 \text{ V}$$

$$r_{be} = 300 + (1 + \beta)\frac{26 \text{ mV}}{I_{EQ}} = 300 + (1 + 100) \times \frac{26 \text{ mV}}{4.6 \text{ mA}} \approx 871 \text{ }\Omega$$

$$A_u = -\beta\frac{R'_L}{r_{be}} = -\beta\frac{R_L /\!/ R_C}{r_{be}} = -100 \times \frac{1 \text{ k}\Omega /\!/ 1 \text{ k}\Omega}{871 \text{ }\Omega} \approx -57.4$$

$$r_i = R_{B1} /\!/ R_{B2} /\!/ r_{be} = 10 \text{ k}\Omega /\!/ 30 \text{ k}\Omega /\!/ 871 \text{ }\Omega \approx 780 \text{ }\Omega$$

$$r_o \approx R_C = 1 \text{ k}\Omega$$

 任务实施

一、器材准备

1. 工具与仪表

0 ~ 30 V 直流稳压电源、LDS21010 型手提式数字示波器、YB32020 型任意波形发生器各 1 台，100 μA 直流电流表、10 mA 直流电流表、10 V 直流电压表、DT – 9205A 型数字式万用表各 1 块，常用无线电装接工具 1 套。

2. 元器件及材料

实施本任务所需的电子元器件及材料见表 2—2—2。

表 2—2—2 　　　　　　　　　　电子元器件及材料明细表

序号	名称	型号规格	数量	单位
1	三极管	S9013（或 3DG6）	1	个
2	电阻器	1 kΩ	2	个
3	电阻器	200 kΩ	1	个
4	电位器	3 MΩ	1	个
5	电解电容器	10 μF/25 V	2	个

续表

序号	名称	型号规格	数量	单位
6	万能电路板	80 mm × 100 mm	1	块
7	焊锡丝	ϕ0.8 mm	若干	
8	松香		若干	

二、共发射极放大电路的安装

1. 电位器的识别与检测

（1）识别电位器

电阻阻值可以调节的电阻器称为可变电阻器。人们常将有调节柄的可变电阻器称为电位器（见图2—2—12），其他则仍称为可变电阻器（见图2—2—13）。在安装电位器时，引脚不能插错，特别是动臂要安装正确，另外两个引脚安装时，需考虑使用习惯，一般顺时针调整电位器（可变电阻器）时，电流变大、电压升高、亮度增加、转速上升……

图2—2—12　电位器　　　　　　　　图2—2—13　可变电阻器

（2）电位器动臂的判断

判断电位器动臂的方法很多，比较简单的方法是：将电位器调整到中间位置，然后用万用表分别测量其中任意一个引脚对另外两个引脚的电阻，若其中某个引脚对其他两个引脚的电阻都小于标称值（约为标称值的一半），则该引脚就是动臂。

（3）电位器好坏的判断

用万用表电阻挡测量两个定臂，其阻值应是电位器的标称值，然后用一个表笔接触动臂，另一个表笔接触任意一个定臂，缓慢调整电位器的调节柄，电位器的阻值变化平滑，指针（阻值）无跳动，表示电位器质量良好，如果指针有跳动，则说明电位器接触不良。

2. 共发射极放大电路的安装

共发射极放大电路原理图如图2—2—14所示。

（1）绘制安装接线图。根据电路原理图在图2—2—15中绘制出共发射极放大电路安装接线图。

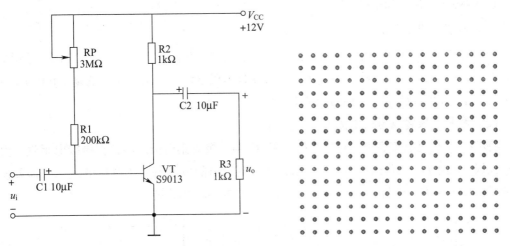

图2—2—14 共发射极放大电路原理图　　　图2—2—15 共发射极放大电路安装接线图

（2）筛选元器件。用万用表对所有的元器件进行筛选，剔除不合格的器件。

（3）安装元器件。电阻采用卧式安装，三极管、电容器采用立式安装，如图2—2—16a所示。

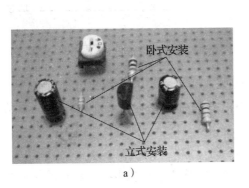

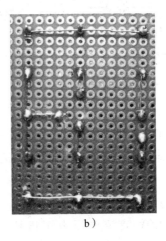

a）　　　　　　　　　　　　　　　　b）

图2—2—16 共发射极放大电路安装示意图

a）元器件安装方法　b）电路板导线连接方法

（4）连接导线。根据安装接线图，在万能电路板的背面连接电路，电路连接时要做到横平竖直，如图2—2—16b所示。

（5）检查电路有无虚焊、漏焊、短路现象。

（6）装配完成后，将电位器阻值调到最大，接通电源开始调试。

三、共发射极放大电路的测量

1. 三极管工作点的调试

（1）测量三极管基极电流 I_B

将电容器 C1 负极对地短路，保证输入信号为零，100 μA 直流电流表串接在三极管基极，如图 2—2—17 所示，此时测量出的电流就是基极电流 I_B。需要说明的是，100 μA 直流电流表也可以用数字式万用表的 DC 2 mA 挡代替。

（2）测量三极管发射极电流 I_C

将 10 mA 直流电流表串接在集电极电阻 R2 与三极管集电极之间，正极接电阻端，负极接三极管集电极，如图 2—2—18 所示，此时测量出的电流就是集电极电流 I_C。需要说明的是，10 mA 直流电流表也可以用万用表的 DC 20 mA 挡代替。

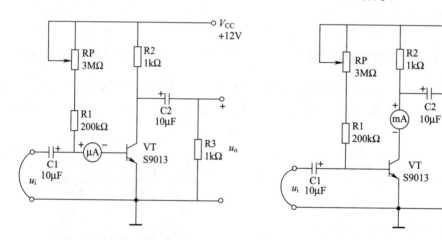

图 2—2—17　测量基极电流　　　　图 2—2—18　测量集电极电流（直接测量法）

集电极电流的测量也可以使用间接测量的方法，即测量出电阻 R2 两端的电压，再用欧姆定律计算出集电极电流。间接测量不需要断开电路，是一种常用的测量方法，如图 2—2—19 所示。

（3）测量三极管电压 U_{CE}

将 10 V 直流电压表正极接三极管的集电极 C，负极接三极管的发射极 E，如图 2—2—20 所示，此时测量出的电压就是 U_{CE}。需要说明的是，10 V 直流电压表也可以用万用表的 DC 20 V 挡代替。

（4）三极管静态工作点调试实验

调整 RP，使三极管集电极电流 I_C 分别等于表 2—2—3 中的数值，然后测量基极电流和三极管各引脚的电位（电位为该电极与"地"之间的电压值，测量时用黑表笔接地，红表笔接三极管的引脚），以及电压 U_{CE}，并将测量结果填入表 2—2—3 中。

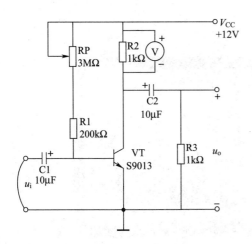

图2—2—19　测量集电极电流（间接测量法）

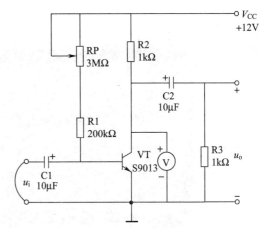

图2—2—20　测量 U_{CE}

表2—2—3　　　　　　　　　　三极管静态工作点测量记录表

序号	I_C（mA）	I_B（μA）	U_B（V）	U_C（V）	U_E（V）	U_{CE}（V）
1	1					
2	2					
3	3					
4	4					
5	5					
6	6					

2. 共发射极放大电路输入、输出电压波形的测量

（1）低频信号发生器的使用简介

低频信号发生器是电子实验中常用的仪器之一，用来产生不同幅度、不同频率的低频信号，如正弦波信号、三角波信号和矩形波信号等。低频信号发生器型号众多，有的还自带频率计，但其基本使用方法相同。下面以 YB32020 型任意波形发生器为例，简单介绍其使用方法。

1）YB32020 型任意波形发生器面板

YB32020 型任意波形发生器面板如图 2—2—21 所示，它包含液晶显示器、数字键、手轮、功能键、输出接口等部分。

YB32020 型任意波形发生器可以输出正弦波、方波、锯齿波、脉冲波、噪声、指数上升、指数下降等多种波形，采用 3.5 寸 TFT 彩色液晶显示屏，信号参数调整更加方便、直观。

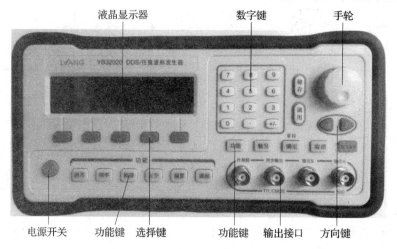

图2—2—21　YB32020型任意波形发生器面板

2）使用方法

①使用前先检查电源插头、信号输出线是否完好，将各输出电位器旋钮调至最小，接通电源，打开电源开关。

②根据测试电路的要求，利用功能键选择输出信号的波形和频率。

③调整好输出信号的幅度。

（2）共发射极放大电路输入、输出电压波形的测量

将共发射极放大电路中三极管的集电极电流 I_C 调整到6 mA，然后将信号发生器输出的10 mV、1 kHz正弦波信号接在电路的输入端，同时用示波器测量输入电压和输出电压的波形，并将测量结果填入表2—2—4中。

表2—2—4　　　　　　共发射极放大电路输入、输出电压波形测量记录表

输入电压波形	

续表

输出电压波形	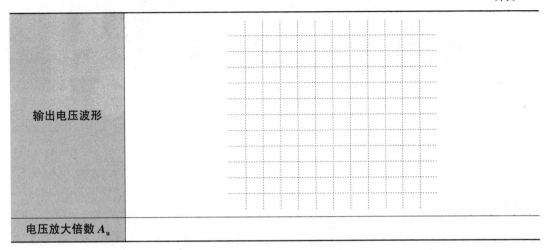
电压放大倍数 A_u	

保持输入信号幅度和频率不变，调整电位器 RP 使输出电压波形产生截止失真，此时 I_C 为_____；调整电位器 RP 使输出电压波形产生饱和失真，此时 I_C 为_____。

保持 I_C 为 6 mA，加大输入信号的幅度，当输入信号幅度为_____ mV 时，输出电压波形产生失真，首先产生的失真是_____失真。当输入信号幅度为_____ mV 时，输出电压波形同时产生截止和饱和失真。

3. 用 EWB 软件仿真测量共发射极放大电路输入、输出电压波形

随着计算机技术的发展，各种电子实验也可以通过计算机仿真来实现，常用的电子电路仿真软件有 MicroSim 公司开发的 PSpice A/D 模拟与数字混合仿真软件，Interactive Image Technologies 公司推出的专门用于电子电路仿真的"虚拟电子工作台"Electronics Workbench 软件（简称 EWB，现在的升级版为 Multisim）。电子电路仿真软件给电子实验提供了便利，同时也极大地缩短了产品的研发周期。本任务中共发射极放大电路用 EWB 软件仿真测量的实验图如图 2—2—22 所示。

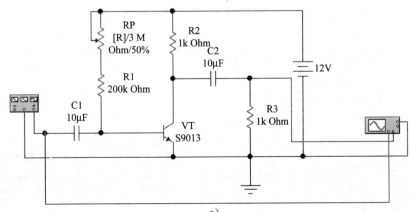

a)

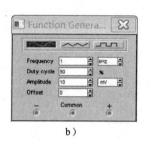
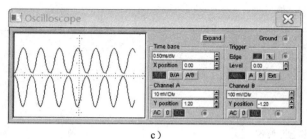

b)   c)

图 2—2—22　共发射极放大电路仿真实验图

a) 仿真实验电路　b) 函数信号发生器虚拟面板　c) 示波器虚拟面板

 **职业能力培养**

EWB 软件是一款简单易用的电子电路仿真软件，试在指导教师的帮助下，查阅本书附录或通过互联网检索，进一步了解 EWB 软件的发展历程，熟悉和掌握 EWB 软件的使用方法。除此之外，还可进一步查询了解电子技术中其他常用的仿真软件。

 任务评价

按表 2—2—5 所列项目进行任务评价，并将结果填入表中。

表 2—2—5　　　　　　　　　　　任务评价表

评价项目	评价标准	配分（分）	自我评价	小组评价	教师评价
职业素养	安全意识、责任意识、服从意识强	5			
	积极参加教学活动，按时完成各项学习任务	5			
	团队合作意识强，善于与人交流和沟通	5			
	自觉遵守劳动纪律，尊敬师长，团结同学	5			
	爱护公物，节约材料，工作环境整洁	5			
专业能力	能正确绘制电路接线图	10			
	装配电路质量符合要求	15			
	能正确完成静态工作点的测量	20			
	能正确完成波形的测量	20			
	能正确填写测量数据	10			
合计		100			
总评	自我评价×20% + 小组评价×20% + 教师评价×60% =	综合等级	教师（签名）：		

注：学习任务考核采用自我评价、小组评价和教师评价三种方式，考核分为 A（90～100）、B（80～89）、C（70～79）、D（60～69）、E（0～59）五个等级。

思考与练习

1. 共发射极放大电路由哪些元器件组成？各起什么作用？

2. 在图 2—2—1 所示电路中，$R_B = 200\ \text{k}\Omega$，$R_C = 1\ \text{k}\Omega$，三极管为硅管，$\beta = 100$，$V_{CC} = 12\ \text{V}$，求电路的静态工作点 I_{BQ}、I_{CQ}、U_{CEQ} 以及 A_u、r_i、r_o。

3. 在图 2—2—10 所示电路中，$R_{B1} = 20\ \text{k}\Omega$，$R_{B2} = 10\ \text{k}\Omega$，$R_C = 500\ \Omega$，$R_E = 300\ \Omega$，$R_L = 1\ \text{k}\Omega$，$V_{CC} = 12\ \text{V}$，三极管为硅管，$\beta = 50$，求电路的静态工作点及 A_u、r_i、r_o。

任务3　共集电极与多级放大电路的安装与调试

学习目标

1. 掌握共集电极基本放大电路的组成及各元件作用。

2. 能计算共集电极放大电路的静态工作点、放大倍数、输入和输出电阻。

3. 了解共基极放大电路的组成。

4. 掌握多级放大电路的组成和三种耦合电路的特点。

5. 能分析多级放大电路的工作原理，并计算其主要性能指标。

6. 能正确安装、调试共集电极放大电路与多级放大电路，熟悉电路的简单维修方法。

任务引入

三极管放大电路有三种连接方法，前面任务 2 分析了共发射极放大电路，本任务将介绍共集电极放大电路和共基极放大电路。共集电极放大电路的电压放大倍数约为 1 倍，但电路的电流放大倍数很高，其输出电压和输入电压同相，输入电阻高，输出电阻低，常用于输入级、输出级和缓冲级。共基极放大电路有电压放大作用，但无电流放大作用，输出电压和输入电压同相，输入电阻低，输出电阻高，频率特性好，常用于高频放大电路中。

由于单个三极管组成的放大电路的能力是有限的，实际应用中为了获得更大的放大倍数，常将单个放大器串联起来组成多级放大电路。

本次任务将通过安装、调试共集电极放大电路与多级放大电路，进一步熟悉共集电极放大电路和多级放大电路的特点和应用。

相关知识

一、共集电极、共基极放大电路

1. 共集电极放大电路组成

共集电极放大电路如图 2—3—1 所示，图中 R_B 是三极管的基极偏置电阻，给发射结提供正向偏置电压，保证发射结正偏；R_E 为发射极电阻，将发射极电流转变成电压；C1、C2 为耦合电容，在电路中起"隔直通交"的作用；电路的集电极直接和电源相连，放大后的信号从发射极与地之间输出。

2. 共集电极放大电路分析

（1）共集电极放大电路的直流通路和交流通路

根据电路直流通路和交流通路的画图原则可得，图

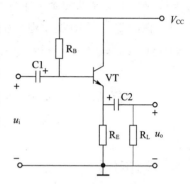

图 2—3—1　共集电极放大电路

2—3—1 所示共集电极放大电路的直流通路如图 2—3—2 所示，交流通路如图 2—3—3 所示。从电路的交流通路可以看出，共集电极电路的输入信号从基极和集电极之间输入，输出信号从集电极和发射极之间输出，集电极是输入和输出信号共用的端子，所以该电路称为共集电极放大电路。

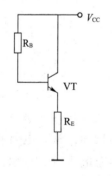

图 2—3—2　直流通路

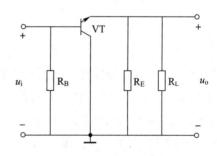

图 2—3—3　交流通路

（2）电路分析

1）静态工作点

根据图 2—3—2 所示直流通路可得，共集电极放大电路的静态工作点计算公式如下：

$$I_{BQ} = \frac{V_{CC} - U_{BEQ}}{R_B + (1 + \beta) R_E}$$

$$I_{CQ} = \beta I_{BQ}$$

$$U_{CEQ} = V_{CC} - I_{EQ} R_E$$

2）电路的电压放大倍数

当接负载电阻 R_L 时，电路的电压放大倍数 A_u 为：

$$A_u = \frac{u_o}{u_i} = \frac{(1+\beta) R_L'}{r_{be} + (1+\beta) R_L'}$$

式中 $R_L' = R_E // R_L$。

因为 $r_{be} \ll (1+\beta) R_L'$，所以 $A_u \approx 1$。

3）电路的输入电阻

$$r_i = R_B // \left[r_{be} + (1+\beta)(R_E // R_L) \right]$$

4）电路的输出电阻

$$r_o \approx R_E // \frac{r_{be}}{1+\beta}$$

【例 2—3—1】 在图 2—3—1 所示电路中，$R_B = 200\ \text{k}\Omega$，$R_E = 2\ \text{k}\Omega$，$V_{CC} = 12\ \text{V}$，负载电阻 $R_L = 2\ \text{k}\Omega$，三极管为硅管，$\beta = 100$，求电路的静态工作点以及 A_u、r_i、r_o。

解：

$$I_{BQ} = \frac{V_{CC} - U_{BEQ}}{R_B + (1+\beta) R_E} = \frac{12\ \text{V} - 0.7\ \text{V}}{200\ \text{k}\Omega + (1+100) \times 2\ \text{k}\Omega} = 0.028\ \text{mA}$$

$$I_{CQ} = \beta I_{BQ} = 100 \times 0.028\ \text{mA} = 2.8\ \text{mA}$$

$$U_{CEQ} = V_{CC} - I_{EQ} R_E = V_{CC} - (I_{CQ} + I_{BQ}) R_E$$

$$= 12\ \text{V} - 2.828\ \text{mA} \times 2\ \text{k}\Omega = 6.344\ \text{V}$$

$$A_u \approx 1$$

$$r_{be} = 300 + (1+\beta) \frac{26\ \text{mV}}{I_{EQ}} = 300 + 101 \times \frac{26\ \text{mV}}{2.828\ \text{mA}} \approx 1.2\ \text{k}\Omega$$

$$r_i = R_B // \left[r_{be} + (1+\beta)(R_E // R_L) \right]$$

$$= 200\ \text{k}\Omega // \left[1.2\ \text{k}\Omega + (1+\beta) \times (2\ \text{k}\Omega // 2\ \text{k}\Omega) \right] \approx 67.6\ \text{k}\Omega$$

$$r_o \approx R_E // \frac{r_{be}}{1+\beta} = 2\ \text{k}\Omega // \frac{1.2\ \text{k}\Omega}{101} \approx 11.8\ \Omega$$

从例 2—3—1 的计算结果可以看出，共集电极放大电路的输入电阻较高，达到几十千欧，输出电阻较低，只有十几欧，电路的放大倍数略小于 1，输入信号和输出信号同相。

3. 共基极放大电路

图 2—3—4 所示是共基极放大电路的原理图，输入信号从发射极和基极输入，输出信号从基极和集电极输出。图中，R_{B1}、R_{B2} 为电路的偏置电阻，R_E 为发射极电阻，C_B 为交流旁路电容，R_C 为集电极电阻，C1、C2 为耦合电容。图 2—3—4 所示共基极放大电路的直流通路如图 2—3—5 所示，交流通路如图 2—3—6 所示。

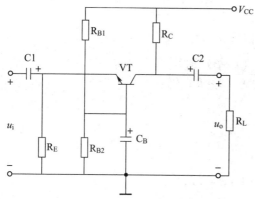

图2—3—4　共基极放大电路原理图

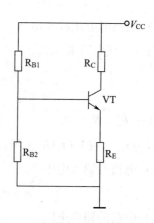

图2—3—5　共基极放大电路直流通路

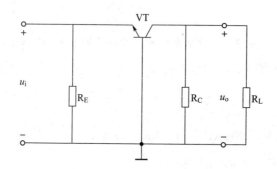

图2—3—6　共基极放大电路交流通路

从直流通路可以看出，共基极放大电路的直流通路和共发射极放大电路的直流通路相同，其静态工作点的计算方法和共发射极放大电路静态工作点的计算方法相同，这里不再赘述。共基极放大电路动态分析时的计算公式如下。

（1）电压放大倍数

$$A_u = \frac{u_o}{u_i} = \beta \frac{R'_L}{r_{be}}$$

式中，$R'_L = R_C // R_L$。

（2）输入电阻

$$r_i = R_E // \frac{r_{be}}{1 + \beta} \approx \frac{r_{be}}{1 + \beta}$$

（3）输出电阻

$$r_o = R_C$$

共基极放大电路具有较大的电压放大倍数，输入电阻很小，输入信号和输出信号同相。

二、多级放大电路

单级放大电路虽然有几十倍至几百倍的放大倍数，但对于微弱的电子信号而言，有时还不能满足要求，这时就需要用两级或两级以上的放大电路，即多级放大电路。

1. 多级放大电路的耦合方式

在多级放大电路中，为了把信号传输到下一级，必然需要在两级放大电路中间插入过渡环节，这个环节称为级间耦合。常用的级间耦合方式有三种，即阻容耦合、变压器耦合和直接耦合。级间耦合应满足两点要求：一是要保证信号不失真地从前级传到后级，衰减不能大；二是要保证每级静态工作点不相互影响，各级都有各自合适的静态工作点。

（1）阻容耦合

图2—3—7所示为阻容耦合两级放大电路，它是利用电阻和电容把前级和后级连接起来。输入信号通过三极管VT1放大后，在其集电极输出，再经过耦合电容C2，把信号电压送到三极管VT2的基极。由于电容器有隔直通交的作用，所以仅有交流信号可以通过电容器耦合到下一级，直流信号则不能通过。阻容耦合的多级放大电路，其前后级的静态工作点相互独立，不会相互影响。

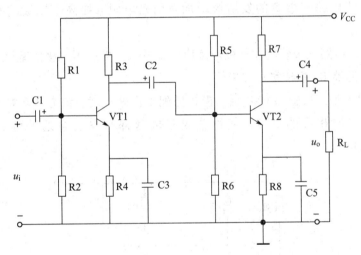

图2—3—7　阻容耦合两级放大电路

（2）变压器耦合

图2—3—8所示为变压器耦合两级放大电路，其前后两级是利用变压器进行信号传输的。由于变压器具有隔直通交作用，所以，和阻容耦合电路一样，电路中也只有交流信号可以通过，前后级静态工作点互不影响。

（3）直接耦合

由于直流信号无法利用变压器耦合或阻容耦合方式传递，所以，在放大直流信号或变化缓慢的交流信号时，需要采用直接耦合方式，如图2—3—9所示。前级输出端和后级输入端直接连接在一起，这样不但交流信号可以通过，直流信号也可以通过。

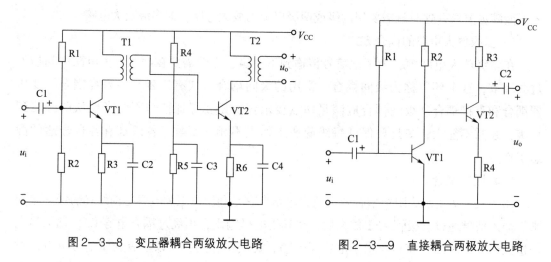

图2—3—8　变压器耦合两级放大电路　　图2—3—9　直接耦合两极放大电路

直接耦合放大电路的前后级静态工作点存在相互影响的问题，为了解决此问题，一般采用以下三种方法。

1）在第二级电路三极管的发射极增加发射极电阻，提高第二级的基极电位，如图2—3—9所示。

2）在第二级电路三极管的发射极加接稳压二极管，提高第二级的基极电位，即将图2—3—9中的电阻器R4换成稳压二极管。

3）利用NPN型三极管和PNP型三极管搭配工作来实现，该方法巧妙地运用两种类型三极管供电方向相反的特点，使得各级三极管都有自己合适的静态工作点，如图2—3—10所示。

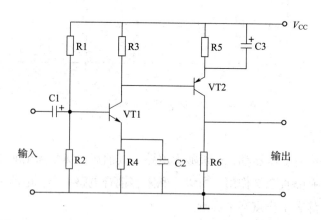

图2—3—10　NPN型三极管和PNP型三极管互补直接耦合电路

在直接耦合放大电路中，除了前后级工作点的相互影响之外，还存在"零点漂移"问题。对于理想放大电路而言，当输入信号为零时，输出信号也应该为零，但实际放大电路在输入信号为零时，输出信号却不为零，而是在做无规则的缓慢变化，这就是"零点漂移"。缓慢变化的"零点漂移"信号经逐级放大后,可能掩盖掉电路中的有用信号,使电路无法工作,为此就需要设计一种能克服"零点漂移"问题的电路,即差动放大电路(有关差动放大电路的相关知识,将在后续课题中介绍)。

"零点漂移"现象在阻容耦合和变压器耦合的多级放大电路中同样存在,但由于"零点漂移"信号是一个缓慢变化的信号,无法通过阻容耦合或变压器耦合到下一级,而仅仅存在于本级电路中,所以对整个电路的影响不大。

2. 多级放大电路分析

多级放大电路的电压放大倍数等于各级放大电路的电压放大倍数之积,电路的输入电阻为第一级放大电路的输入电阻,输出电阻为最后一级放大电路的输出电阻。在计算分析多级放大电路时,后级放大电路的输入电阻为上一级放大电路的负载电阻,其他计算方法和单级放大电路相同。

【例 2—3—2】图 2—3—11 所示为阻容耦合两级放大电路,电路的参数如图所示,求 VT1、VT2 的静态工作点以及电路的总电压放大倍数、输入电阻和输出电阻(图中 VT1、VT2 为硅管,电容器容量足够大)。

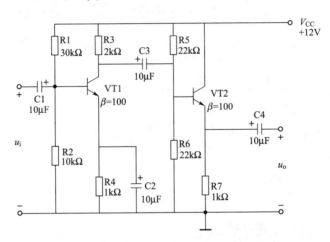

图 2—3—11　阻容耦合两级放大电路

解:

(1)第一级放大电路的静态工作点:

$$U_{BQ1} = \frac{R_2}{R_1 + R_2} V_{CC} = \frac{10 \text{ k}\Omega}{30 \text{ k}\Omega + 10 \text{ k}\Omega} \times 12 \text{ V} = 3 \text{ V}$$

$$I_{EQ1} = \frac{U_{BQ1} - U_{BEQ1}}{R_4} = \frac{3 \text{ V} - 0.7 \text{ V}}{1 \text{ k}\Omega} = 2.3 \text{ mA}$$

$$I_{CQ1} \approx I_{EQ1} = 2.3 \text{ mA}$$

$$I_{BQ1} = \frac{I_{EQ1}}{1 + \beta} \approx 0.023 \text{ mA}$$

$$U_{CEQ1} \approx V_{CC} - I_{CQ1} \ (R_3 + R_4) \ = 12 \ V - 2.3 \ mA \times \ (2 \ k\Omega + 1 \ k\Omega) \ = 5.1 \ V$$

（2）第二级放大电路的静态工作点：

$$U_{BQ2} = \frac{R_6}{R_5 + R_6} V_{CC} = \frac{22 \ k\Omega}{22 \ k\Omega + 22 \ k\Omega} \times 12 \ V = 6 \ V$$

$$I_{BQ2} = \frac{U_{BQ2} - U_{BEQ2}}{(1 + \beta) \ R_7} = \frac{6 \ V - 0.7 \ V}{(1 + 100) \ \times 1 \ k\Omega} \approx 0.052 \ mA = 52 \ \mu A$$

$$I_{CQ2} = \beta I_{BQ2} = 100 \times 0.052 \ mA = 5.2 \ mA$$

$$U_{CEQ2} = V_{CC} - I_{EQ2} R_7 = V_{CC} - \ (I_{CQ2} + I_{BQ2}) \ R_7$$
$$= 12 \ V - 5.252 \ mA \times 1 \ k\Omega \approx 6.75 \ V$$

（3）第一级放大电路的动态分析：

$$r_{be1} = 300 + \ (1 + \beta_1) \ \frac{26 \ mV}{I_{EQ1}} = 300 + (1 + 100) \times \frac{26 \ mV}{2.3 \ mA} \approx 1 \ 442 \ \Omega \approx 1.44 \ k\Omega$$

由于第二级放大电路的输入电阻为第一级放大电路的负载电阻，所以要先计算出第二级放大电路的输入电阻。

$$r_{be2} = 300 + \ (1 + \beta_2) \ \frac{26 \ mV}{I_{EQ2}} = 300 + (1 + 100) \times \frac{26 \ mV}{5.252 \ mA} \approx 800 \ \Omega$$

$$r_{i2} = R_5 // R_6 // \ [r_{be2} + \ (1 + \beta_2) \ R_7] \ = 22 \ k\Omega // 22 \ k\Omega // \ [800 \ \Omega + \ (1 + \beta) \times 1 \ k\Omega]$$
$$\approx 9.9 \ k\Omega$$

$$A_{u1} = -\beta_1 \frac{R'_{L1}}{r_{be1}} = -\beta \frac{R_3 // r_{i2}}{r_{be1}} = -100 \times \frac{2 \ k\Omega // 9.9 \ k\Omega}{1.44 \ k\Omega} \approx -115.5$$

$$r_{i1} = R_1 // R_2 // r_{be1} = 30 \ k\Omega // 10 \ k\Omega // 1.44 \ k\Omega \approx 1.2 \ k\Omega$$

$$r_{o1} \approx R_3 = 2 \ k\Omega$$

（4）第二级放大电路的动态分析：

$$A_{u2} \approx 1$$

$$r_{o2} \approx R_7 // \frac{r_{be2}}{1 + \beta_2} = 1 \ k\Omega // \frac{800 \ \Omega}{101} \approx 8 \ \Omega$$

（5）总电压放大倍数：$A_u = A_{u1} \times A_{u2} = -115.5 \times 1 = -115.5$

（6）输入电阻：$r_i = r_{i1} = 1.2 \ k\Omega$

（7）输出电阻：$r_o = r_{o2} = 8 \ \Omega$

 任务实施

一、器材准备

1. 工具与仪表

0 ~ 30 V 直流稳压电源、LDS21010 型手提式数字示波器、YB32020 型任意波形发生器各 1 台，DT‒9205A 型数字式万用表 1 块，常用无线电装接工具 1 套。

2．元器件及材料

实施本任务所需的电子元器件及材料见表 2—3—1。

表 2—3—1　　　　　　　　　　电子元器件及材料明细表

序号	名称	型号规格	数量	单位
1	三极管	S9013	1	个
2	电阻器	20 kΩ	1	个
3	电阻器	2 kΩ	1	个
4	电阻器	1 kΩ	1	个
5	电阻器	510 Ω	1	个
6	电位器	500 kΩ	1	个
7	电解电容器	10 μF/25 V	2	个
8	万能电路板	80 mm × 100 mm	1	块
9	焊锡丝	φ0.8 mm	若干	
10	松香		若干	

二、共集电极放大电路的安装

共集电极放大电路原理图如图 2—3—12 所示，RP、R1 为基极偏置电阻，调整 RP 可调整三极管的静态工作点。

按照表 2—3—1 选配元器件，并对元器件进行筛选，然后在万能电路板上正确安装电路。

电路安装好后，调整电位器 RP，使集电极电流为 2 mA。在调节 RP 时，如果三极管集电极电流始终大于 2 mA，可增大电阻 R1 的阻值，或增大电位器 RP 的阻值。

三、共集电极放大电路的测量

1．在电路的输入端接信号发生器，使其输出

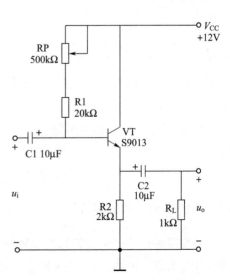

图 2—3—12　共集电极放大电路原理图

1 V、1 kHz 的正弦波信号，电路接 1 kΩ 负载电阻，用示波器测量输入、输出电压波形，并记录在表 2—3—2 中。

表 2—3—2　　　　　共集电极放大电路输入、输出电压波形测量记录表

输入电压波形	
输出电压波形	
电压放大倍数 A_u	

结论：共集电极放大电路的放大倍数为＿＿＿＿＿，输入信号和输出信号＿＿＿相（同、反）。

2. 保持输入信号幅度不变，在负载电阻上并联一个 510 Ω 电阻，观察示波器输出电压波形幅度＿＿＿＿（有、无）变化，这说明共集电极放大电路的输出电阻＿＿＿＿（大、小），带负载能力＿＿＿＿（强、弱）。

四、多级放大电路的测量

将本课题任务 2 中安装的共发射极放大电路和本次任务安装的共集电极放大电路连成两级放大电路，如图 2—3—13 所示。在输入端接入 10 mV、1 kHz 正弦波信号，用示波器观察输入、输出电压波形，并记录在表 2—3—3 中。

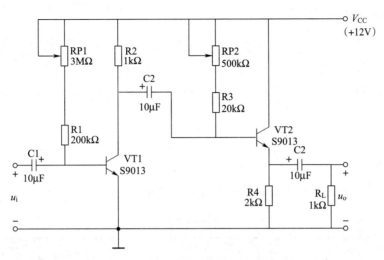

图 2—3—13　阻容耦合两级放大电路

表 2—3—3　　　　　两级放大电路输入、输出电压波形测量记录表

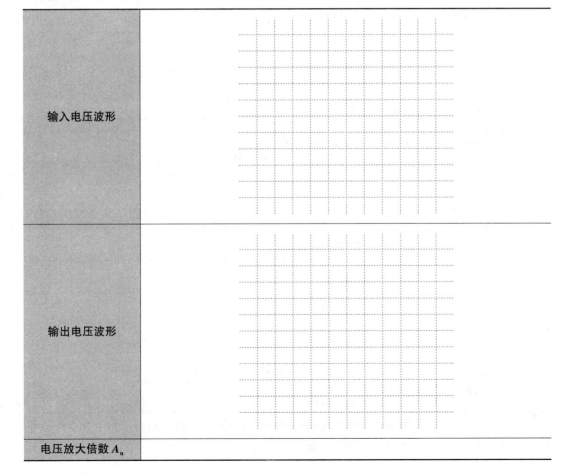

输入电压波形	
输出电压波形	
电压放大倍数 A_u	

职业能力培养

已知某动圈话筒的输出电阻为 200 Ω，输出电压为 5 mV，某有源音箱的输入电压为 1 V，输入电阻为 50 kΩ。试根据所学知识，在话筒与有源音箱之间设计一个共发射极放大电路（可用多级放大器），并利用 EWB 软件进行仿真验证，最后以小组为单位进行展示和评比。

 任务评价

按表2—3—4所列项目进行任务评价，并将结果填入表中。

表2—3—4　　　　　　　　　　任务评价表

评价项目	评价标准	配分（分）	自我评价	小组评价	教师评价
职业素养	安全意识、责任意识、服从意识强	5			
	积极参加教学活动，按时完成各项学习任务	5			
	团队合作意识强，善于与人交流和沟通	5			
	自觉遵守劳动纪律，尊敬师长，团结同学	5			
	爱护公物，节约材料，工作环境整洁	5			
专业能力	装配电路质量符合要求	15			
	能正确完成共集电极放大电路的测量	20			
	能正确完成多级放大电路的测量	20			
	能正确绘制波形图	10			
	能正确分析测量数据	10			
合计		100			
总评	自我评价×20% + 小组评价×20% + 教师评价×60% =	综合等级		教师（签名）：	

注：学习任务考核采用自我评价、小组评价和教师评价三种方式，考核分为 A（90~100）、B（80~89）、C（70~79）、D（60~69）、E（0~59）五个等级。

 知识拓展

电子电路故障检修的一般步骤

电子电路常会因元器件损坏、老化等出现各种各样的故障，使电路无法实现全部或部分功能。对于电路故障，新装的电路往往是由于元器件安装错误、漏装元器件、调试不良、焊接不良等原因造成的；而正常使用中的电路发生故障，往往是由于元器件损坏造成的。电路发生故障后，必须通过正确的电路检修方法，查找出故障元器件并修复、更换，使电路恢复正常。

在电子电路维修前，首先要做好细致的准备工作，如准备好电路图、维修工具、常用配件、各种参考资料等。电子电路故障维修的一般步骤为：观察故障现象、分析故障范围、查找故障元器件、更换故障元器件、检测电路功能。

观察故障现象是从问、看、摸、嗅几个方面进行。当拿到一块待维修的电路板时，首先要询问电路发生故障的过程，对它的外观进行仔细观察。看电路板有无发热烧蚀的痕迹，集成电路、三极管有无外壳破裂，导线有无脱落，电阻、电容、二极管有无发黑等现象。摸元器件有无松动并嗅其有无烧煳味道等。观察故障现象一定要仔细全面，这对提高维修效率有很大帮助。

对大部分的电路板来说，通过前面的观察法并不能发现问题，还是需要借助万用表，对电路板上的一些主要元器件、关键点进行有序的测量，发现问题，解决问题。测量分静态测量与通电测量两个步骤。

1. 静态测量

静态测量就是利用万用表的欧姆挡，在不通电的情况下，对电路中的易损元器件做在线测量（在线测量即不断开元器件，直接在电路板上测量元器件的方法），初步检测出故障元器件。下面简单介绍电阻、电容、半导体器件的在线测量方法。

当用万用表在线测量电阻时，电阻的阻值应小于或等于电阻的标称值，如果测出的电阻值大于电阻的标称值，则被测电阻存在故障。在线测量二极管，一般采用模拟式万用表的 R×1 或 R×10 挡或数字式万用表的 ⋅⋙⊢ 挡。正常情况下，二极管有正反向特性（正反向电阻有差别），否则应考虑二极管是否已损坏，特别是正、反向电阻都很小的二极管一般都可判定为已损坏，此时需要拆下二极管，做进一步测量。三极管的在线测量方法和测量二极管类似。当用万用表在线测量电容时，一般使用 R×1k 挡，看它是否有短路现象，如果被测的电容两端电阻很小，则要拆下电容做进一步测量。

2. 通电测量

通过观察法和静态测量法检查之后，大部分问题可以得到解决，如检查后没有找到故障元器件，则需考虑进行通电测试。

在通电测量之前，首先要分析电路原理图，掌握各部分的作用，准备好电路正常工作时的电压、电流等数据，如三极管、集成电路的引脚电位等。

对于故障电路板，在通电时一般遵循先瞬时通电，再短时通电，然后长时通电的步骤。瞬时通电就是仅给电路通电几秒钟，此时手不能离开电源开关。通电前，万用表先连接在被测电路中，测量电路最重要的数据，如整机电流、电源电压等。瞬时接通电源开关，迅速观察万用表数据情况，同时注意观察电路是否有冒烟、异响等现象，如有则应迅速断开开关，防止故障进一步扩大。如瞬时通电没有发现明显故障，万用表数据正常，则应考虑对电路进行短时通电。

短时通电以 30 ~ 60 s 为限，此时万用表依然接在被测电路中，测量关键数据时，手同样不要离开电源开关，在此过程中，若发现故障应立刻断开电源。接通电源 30 ~ 60 s 后断开电源，用手摸电路中的功率元器件有无发热现象，如有发热现象，则应考虑元器件有过流或周围电路不良。

通过短时通电后，电路一般不会再有恶性故障产生，此时可以用万用表测量电路的数据，如三极管、集成电路的引脚电位，与正常的电位进行比对，分析查找故障点，找出故障元器件。如有一个二极管测得其两端的正向电压大于 0.7 V，特别是大于 0.8 V 以上时，则考虑二极管有开路现象。同样，三极管的 U_{BE} 电压不能大于 0.8 V，否则应考虑三极管 B、E 之间是否开路。

思考与练习

1. 共集电极放大电路由哪些元件组成？各起什么作用？

2. 多极放大电路有哪些级间耦合方式？各具有什么优缺点？

3. 在图 2—3—1 所示电路中，$R_B = 300$ kΩ，$R_E = 2$ kΩ，$V_{CC} = 12$ V，负载电阻 $R_L = 1$ kΩ，三极管为硅管，$\beta = 60$，求电路的静态工作点及 A_u、r_i、r_o。

任务4 负反馈放大器的安装与调试

学习目标

1. 理解反馈的概念，掌握反馈的分类和判断方法。

2. 掌握负反馈对电路性能的影响。

3. 能正确安装、调试负反馈放大器。

4. 能用信号发生器和示波器对负反馈放大器进行动态测试。

任务引入

反馈几乎无处不在，人们走路时能避开所有的障碍物，是因为有视觉信号的不断反馈，如果闭上双眼，走路就可能会撞墙。再比如跟着耳机音乐唱歌的人，它们的歌声常会使周围的人捧腹大笑，这是因为他们不能及时得到自己歌声的反馈信号，而"越跑越远"。在电子电路中，也常采用反馈来提高电路的性能，可以说实际应用电路中几乎都要引入各种各样的反馈。本次任务的内容是安装、调试负反馈放大器，体会负反馈对于改善放大电路性能指标的重要性。

相关知识

一、反馈的概念

放大器的反馈是指在电子电路系统中，将电路输出量（输出电压或电流）的一部分或全部通过一定的路径送回到输入回路，从而调整放大电路输入量（输入电压或电流）大小的过程。引入反馈的放大电路，称为反馈放大电路。

反馈放大电路由基本放大电路、反馈网络两个部分组成，如图2—4—1所示。

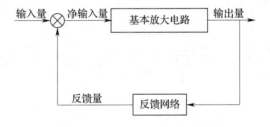

图2—4—1 反馈放大电路的框图

基本放大电路可以是单级、多级或集成放大电路，主要功能是放大信号；反馈网络一般是由电阻、电容、电感等组成的无源网络，主要功能是传输反馈信号；"⊗"为电路中的相加点，主要完成输入信号和反馈信号的叠加，产生电路的净输入量。反馈网络和基本放大电路组成一个闭环系统，所以将引入反馈的放大电路称为闭环放大电路，而没有反馈的放大电路称为开环放大电路。

放大电路引入反馈时所对应的放大倍数，称为闭环放大倍数。没有引入反馈时所对应的放大倍数，称为开环放大倍数。

如果反馈放大电路中基本放大电路的放大倍数是 A，反馈网络的反馈系数是 F，则反馈放大电路的放大倍数为：

$$A_u = \frac{A}{1 + AF}$$

1. 当 $1 + AF > 1$ 时，闭环放大倍数小于开环放大倍数，电路引入的是负反馈。

2. 当 $1 + AF < 1$ 时，闭环放大倍数大于开环放大倍数，电路引入的是正反馈。

3. 当 $1 + AF = 0$ 时，放大电路的闭环放大倍数趋于无穷大，放大电路将变成振荡电路。

4. 当 $1 + AF \gg 1$ 时，说明此时的负反馈作用很强，称为电路引入了深度负反馈。此时电路的闭环放大倍数 A_u 主要取决于反馈系数 F，即：

$$A_u \approx \frac{1}{F}$$

二、反馈的判断

1. 反馈的分类

反馈的类型很多，根据输出端取样信号的性质不同，可分为电压反馈和电流反馈两种类型。反馈信号取自输出的电压量，即反馈量与输出电压成正比的反馈，称为电压反馈，电压反馈电路框图如图 2—4—2 所示。反馈信号取自输出的电流量，即反馈量与输出电流成正比的反馈，称为电流反馈，电流反馈电路框图如图 2—4—3 所示。

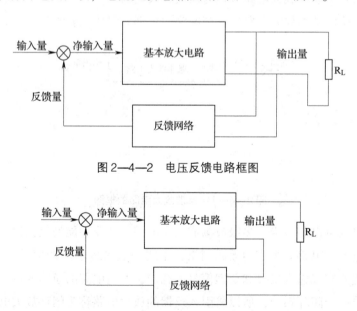

图 2—4—2　电压反馈电路框图

图 2—4—3　电流反馈电路框图

根据输入端的混合形式不同，反馈可分为串联反馈和并联反馈两种类型。在输入回路中，反馈量、输入量和净输入量三者为串联关系的称为串联反馈，串联反馈电路框图如图 2—4—4 所示。反馈量、输入量和净输入量三者为并联关系的称为并联反馈，并联反馈电路框图如图 2—4—5 所示。

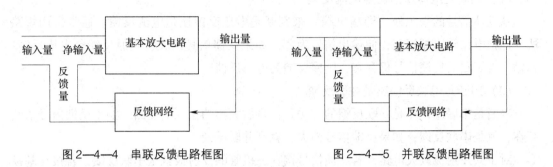

图2—4—4 串联反馈电路框图　　　　图2—4—5 并联反馈电路框图

根据反馈的极性不同，反馈又可分为正反馈和负反馈两种类型。反馈信号使得净输入量增加的反馈，称为正反馈，框图如图2—4—6 所示；反馈信号使得净输入量减小的反馈，称为负反馈，框图如图2—4—7 所示。

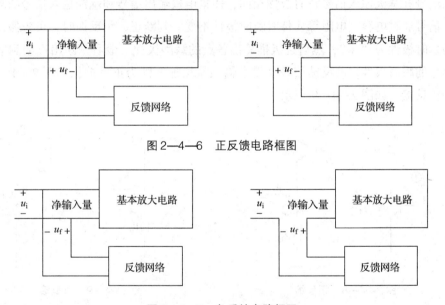

图2—4—6 正反馈电路框图

图2—4—7 负反馈电路框图

综合以上分析可知，负反馈放大电路有下列四种类型：电压串联负反馈、电压并联负反馈、电流串联负反馈、电流并联负反馈。

2. 反馈的判断方法

在对放大电路的反馈进行分析时，应首先确定电路中有无反馈，然后再判断它属于哪种类型的反馈。

（1）判断有无反馈

根据电路中是否存在沟通输出回路和输入回路的元件或支路，来判断电路中有无反馈。

（2）判断是电压反馈还是电流反馈

从反馈信号的来源处（即输出端）来判断是电压反馈还是电流反馈。通常采用短路法，即把电路输出端短路，使输出信号为零，如果反馈信号消失，则原反馈是电压反馈；若输出端短路后反馈信号仍存在，则原反馈为电流反馈。

（3）判断是串联反馈还是并联反馈

判断是串联反馈还是并联反馈的方法是：将放大器的输入端短路，如果反馈信号依然存在，就是串联反馈；如果反馈信号消失，就是并联反馈。

对于共发射极放大电路，若反馈信号接在三极管的发射极就是串联反馈，若接在基极就是并联反馈。

（4）判断是正反馈还是负反馈

对正、负反馈的判断，通常采用瞬时极性法。瞬时极性法判断原则是：三极管的发射极输出信号和基极输入信号瞬时极性相同，而集电极输出信号和基极输入信号的瞬时极性相反，信号通过电容、电阻等元件时瞬时极性不变。判断正、负反馈时，可先假设输入端信号的瞬时极性为"＋"，然后逐级推算出各点的瞬间极性，最后判断出反馈到输入端的反馈信号的瞬时极性。若反馈信号使得净输入量增加，则为正反馈，如图2—4—8所示；否则为负反馈，如图2—4—9所示。

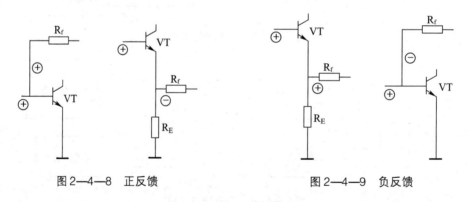

图2—4—8　正反馈　　　　　　　　图2—4—9　负反馈

【例2—4—1】 判断图2—4—10中R14引入的反馈类型。

解：

（1）短路输出端，反馈信号消失，所以它是电压反馈。

（2）短路输入端，反馈信号依然存在，所以它是串联反馈。

（3）假设VT1基极输入信号的瞬时极性为＋，根据瞬时极性法，可判断出反馈到VT1发射极的反馈信号的瞬时极性也为正，该信号使净输入量减小，所以它是负反馈。

综上所述，电阻R14在电路中引入的是电压串联负反馈。

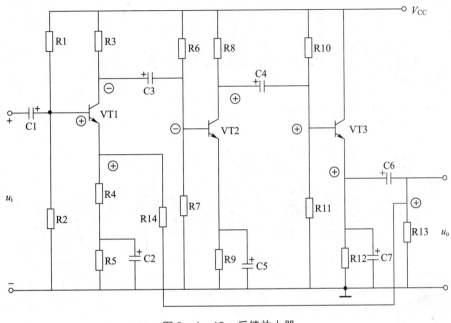

图 2—4—10　反馈放大器

三、负反馈对电路性能的影响

1. 负反馈放大电路的输出稳定性好

放大器中引入负反馈后，放大倍数虽然下降了，但其性能却可以得到改善。特别是深度负反馈放大器的闭环放大倍数为 $A_u = \dfrac{1}{F}$，只和反馈系数有关，所以深度负反馈放大电路的输出稳定性很好。

2. 负反馈可以减小电路的非线性失真

当放大电路无反馈时，若输入信号为标准正弦波，由于三极管输入特性曲线的非线性，有可能在输出端得到一个正半周幅度大、负半周幅度小的失真波形，如图 2—4—11a 所示。

当引入负反馈后，电路中的负反馈信号也是正半周幅度大、负半周幅度小，由于电路的净输入信号等于输入信号和反馈信号相减，所以净输入信号将为正半周幅度小，负半周幅度大，经放大后，输出信号波形的正、负半周的幅度趋于一致，非线性失真显著减小，如图 2—4—11b 所示。

3. 负反馈可以展宽通频带

引入负反馈后，由于负反馈能够使放大倍数相对稳定，也就是说在高频段和低频段，放大倍数下降的速率相对减慢，因而展宽了电路的通频带。

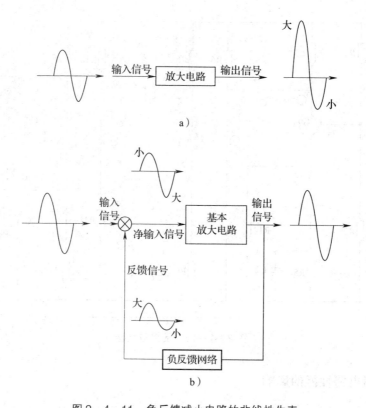

a）

b）

图 2—4—11　负反馈减小电路的非线性失真

a）无反馈时的输入、输出波形　b）有反馈时的输入、输出波形

4. 负反馈对电路的输入电阻和输出电阻有一定的影响

（1）串联负反馈使输入电阻增加。

（2）并联负反馈使输入电阻减小。

（3）电压负反馈使输出电阻减小。

（4）电流负反馈使输出电阻略有增大。

 职业能力培养

在电子电路中，负反馈可以用来提高放大器工作的稳定性，而在自动控制系统中，负反馈技术同样也可以用来稳定系统的工作状态。具体地说，就是将控制系统的输出量与参考输入量进行比较，再利用偏差量进行调节，从而使自动控制系统按照给定的参考输入量变化。因此，可以在没有人直接参与的情况下，利用控制装置使整个生产过程或工作机械自动地按预先规定的规律运行，达到要求的指标，或使它的某些物理量按预定的要求变化。试以空调器为例，应用负反馈原理，说明当温度变化时，空调器通过自动控制稳定温度的过程。也可列举其他生产和生活中的应用实例来进行分析。

 **任务实施**

一、器材准备

1. 工具与仪表

0～30 V 直流稳压电源、LDS21010 型手提式数字示波器、YB32020 型任意波形发生器各 1 台，DT‑9205 A 型数字式万用表 1 块，常用无线电装接工具 1 套。

2. 元器件及材料

实施本任务所需的电子元器件及材料见表 2—4—1。

表 2—4—1　　　　　　　　　电子元器件及材料明细表

序号	名称	型号规格	数量	单位
1	三极管	S9013	2	个
2	电阻器	22 kΩ	2	个
3	电阻器	100 Ω	1	个
4	电阻器	4.7 kΩ	6	个
5	电阻器	1 kΩ	2	个
6	电位器	4.7 kΩ	1	个
7	电解电容器	10 μF/25V	5	个
8	电路板	定制或 80 mm×100 mm 万能板	1	块
9	开关	SS12D00	1	个
10	接线座	KF301，2P	3	个
11	焊锡丝	φ0.8 mm	若干	
12	松香		若干	

二、负反馈放大电路安装

负反馈放大电路原理图如图 2—4—12 所示，图中 R11 为反馈电阻，电路引入电压串联负反馈。开关 S 接通时，引入负反馈；开关 S 断开时，电路工作于开环状态。图 2—4—13 所示为负反馈放大电路的印制电路板图。

按照表 2—4—1 选配元器件，并对元器件进行筛选，然后按照电子电路安装工艺要求正确安装电路。安装好的电路如图 2—4—14 所示。

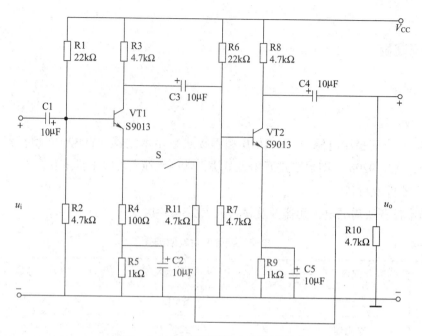

图2—4—12　负反馈放大电路原理图

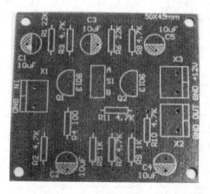

图2—4—13　负反馈放大电路的印制电路板图

图2—4—14　负反馈放大电路实物图

三、负反馈放大电路的测量

1. 比较有反馈与无反馈时的输出电压波形和电压放大倍数

将电源电压调整到直流 12 V，然后在电路输入端接入信号发生器，使其输出 2 mV、1 kHz 的正弦信号（如果波形产生饱和或截止失真则减小输入信号的幅度），用示波器测量输入、输出电压波形，并将测量结果记录在表 2—4—2 中。图 2—4—15 所示为负反馈放大电路测量实验仪器接线图。

图 2—4—15　负反馈放大电路测量实验仪器接线图

表 2—4—2　　　　负反馈放大电路输入、输出电压波形测量记录表

测量项目	无反馈（开关置于 A，即断开）	有反馈（开关置于 B，即接通）
输入电压波形		
输出电压波形		
电压放大倍数 A_u		

结论：引入负反馈后，电路的电压放大倍数_____。用一个 4.7 kΩ 电位器代替反馈电阻 R11，调整电位器，当电位器电阻变大时，输出电压波形幅度_____。

2. 负反馈影响放大器通频带的测试

（1）无反馈放大电路（开关置于 A）通频带宽度测量

将信号发生器接在电路的输入端，使其输出 2 mV、1 kHz 的正弦波信号，记录电路此时输出信号的幅度 U_o。保持此时输入信号的幅度不变，逐渐减小输入信号的频率，当输出信号的幅度减小到 0.707 U_o 时，记录此时的频率为_____Hz，该频率为放大器的下限频率。保持输入信号的幅度不变，逐渐增加输入信号的频率，观察输出信号的幅度，当输出信号的幅度减小到 0.707 U_o 时，记录此时的频率为_____Hz，该频率为放大器的上限频率。上限频率减下限频率，就是电路的通频带，该电路的通频带为_____Hz。

（2）有反馈放大电路（开关置于 B）通频带宽度测量

测试方法同上，此时电路的下限频率是_____Hz，上限频率是_____Hz，通频带是_____Hz。有反馈时的通频带_____无反馈时的通频带。

任务评价

按表 2—4—3 所列项目进行任务评价，并将结果填入表中。

表 2—4—3　　　　　　　　　任务评价表

评价项目	评价标准	配分（分）	自我评价	小组评价	教师评价
职业素养	安全意识、责任意识、服从意识强	5			
	积极参加教学活动，按时完成各项学习任务	5			
	团队合作意识强，善于与人交流和沟通	5			
	自觉遵守劳动纪律，尊敬师长，团结同学	5			
	爱护公物，节约材料，工作环境整洁	5			
专业能力	装配电路质量符合要求	20			
	能正确使用仪器仪表完成负反馈放大电路的测量	25			
	能正确绘制波形图	10			
	能正确填写和分析测量数据	20			
合计		100			
总评	自我评价 × 20% + 小组评价 × 20% + 教师评价 × 60% =	综合等级	教师（签名）：		

注：学习任务考核采用自我评价、小组评价和教师评价三种方式，考核分为 A（90～100）、B（80～89）、C（70～79）、D（60～69）、E（0～59）五个等级。

思考与练习

1. 什么是反馈？反馈有哪些类型？

2. 负反馈对放大电路性能有哪些影响？

*任务5　场效应管放大电路的安装与调试

学习目标

1. 掌握结型场效应管和绝缘栅场效应管的结构和工作原理。

2. 掌握场效应管的文字符号和图形符号的画法。

3. 掌握场效应管器件的输出特性曲线。

4. 能识别场效应管的引脚，并能用万用表检测场效应管的好坏。

5. 了解场效应管基本放大电路的组成。

6. 能正确安装、调试场效应管基本放大电路。

任务引入

场效应晶体管简称场效应管，主要有结型场效应管（JFET）和绝缘栅场效应管（MOS管）两种。它体积小、耗电少、输入电阻高、噪声低、热稳定性好、易于集成、制造工艺简单。由于场效应管仅靠半导体中的多数载流子导电，故又称为单极型晶体管。结型场效应管常用于小信号放大，而绝缘栅场效应管常作为功率放大器件、大电流开关器件等。现在，场效应管已成为双极型晶体管的强大竞争者，在各种视听产品、计算机主板、自动控制系统中得到广泛应用。本任务将学习用万用表检测场效应管好坏的方法，并进行场效应管放大电路的安装与调试，体会场效应管及其放大电路的特点和应用。

相关知识

一、结型场效应管（JFET）

1. 结型场效应管的结构和工作原理

结型场效应管有 N 沟道和 P 沟道之分，它有三个电极，分别是栅极 G、漏极 D、源极 S，图形符号如图 2—5—1 所示，文字符号用 V 或 VT 表示。

下面以 N 沟道结型场效应管为例，简单介绍其结构和工作原理。N 沟道结型场效应管是在一块 N 型半导体的两边，分别扩散出高浓度的 P + 区，将两个 P + 区连接在一起，作为栅极，在 N 型半导体的两端各引出一个电极，作为源极和漏极，如图 2—5—2 所示。此时在 N 型半导体两边将形成两个 PN 结，两个 PN 结中间的 N 型区域称为导电沟道，由于它是 N 型半导体材料，所以这种结构的场效应管称为 N 沟道结型场效应管。从结构图可以看出，结型场效应管的结构对称，所以在实际使用中漏极 D 和源极 S 可以交换使用。

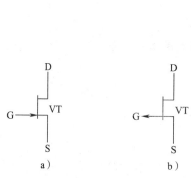
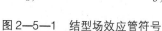

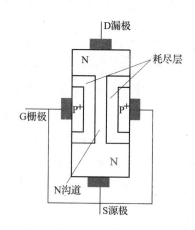

图 2—5—1　结型场效应管符号
a) N 沟道结型场效应管符号　b) P 沟道结型场效应管符号

图 2—5—2　N 沟道结型场效应管结构

结型场效应管的源极和漏极之间是单纯的 N 型半导体，当在源极和漏极之间加上电压后，就会有电流流过，此电流称为漏极电流 I_D。

如果在栅极和源极之间加反向电压，如图 2—5—3a 所示，PN 结反偏，它的宽度会变宽。可以想象 U_{GS} 越高，PN 结的宽度就越宽，中间的 N 型沟道就越窄，若 U_{GS} 继续加大，PN 结的宽度就会更宽，直至完全将沟道占据（称为夹断），如图 2—5—3b 所示。可见，调整电压 U_{GS}，就可以改变导电沟道的宽度。

由于 I_D 会随沟道宽度变化而变化，所以利用 U_{GS} 的高低，就可以控制 I_D 的大小，这就是结型场效应管的基本工作原理。

由于 U_{GS} 对于内部的 PN 结而言是反向电压，所以流过栅极的电流几乎为零，即场效应管的输入电阻很高。由于栅极不从信号源获取电流，所以场效应管是电压控制器件。

2. 结型场效应管的特性曲线

（1）N 沟道结型场效应管的输出特性曲线

N 沟道结型场效应管共源接法的放大电路如图 2—5—4 所示。保持电压 U_{GS} 不变，电压 U_{DS} 和电流 I_D 之间的关系曲线，称为场效应管的输出特性曲线，如图 2—5—5 所示。从图中可以看出，场效应管的输出特性曲线分成四个区域，分别是可变电阻区、恒流区（放大区）、截止区和击穿区。

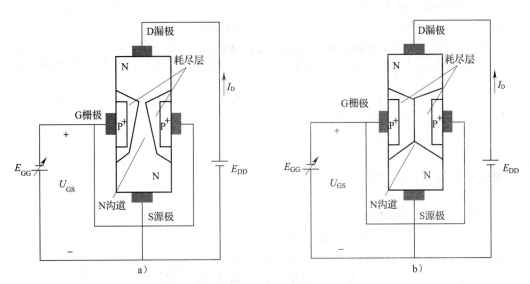

图 2—5—3　结型场效应管工作原理

a) U_{GS} 较低时的沟道　b) U_{GS} 较高时的沟道

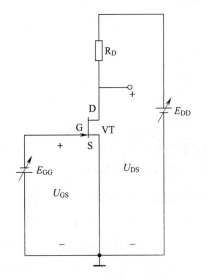

图 2—5—4　N 沟道结型场效应管
共源接法的放大电路

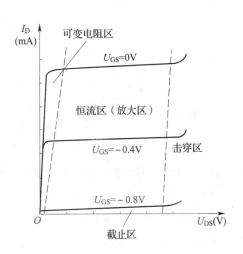

图 2—5—5　N 沟道结型场效应管的
输出特性曲线

1）在可变电阻区，U_{DS} 较低，可以将它看成是一个受 U_{GS} 控制的可变电阻。

2）在恒流区，I_D 不再随 U_{DS} 的变化而变化，U_{GS} 可以有效控制 I_D 的大小，所以此区域也称为放大区。

3）在截止区，U_{GS} 负电压较大，I_D 几乎等于零。

4）在击穿区，由于 U_{DS} 太高，使得 I_D 完全失控。

（2）N 沟道结型场效应管的转移特性曲线

保持电压 U_{DS} 不变，电压 U_{GS} 和电流 I_D 之间的关系，称为转移特性曲线。N 沟道结型场效应管的转移特性曲线如图 2—5—6 所示。在转移特性曲线中，当 U_{GS} 负电压增加到 $U_{GS(off)}$ 时，场效应管的 I_D 等于零，$U_{GS(off)}$ 称为夹断电压。图中 I_{DSS} 是指 U_{GS} 等于零时的漏极电流，此电流称为饱和电流。

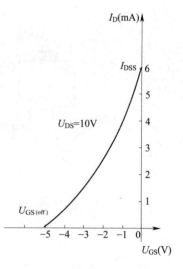

图 2—5—6　N 沟道结型场效应管的转移特性曲线

二、绝缘栅场效应管（MOS 管）

1. 绝缘栅场效应管的结构和原理

绝缘栅场效应管按沟道材料不同分为 N 沟道和 P 沟道两种，按导电方式不同分为耗尽型和增强型两种，所以绝缘栅场效应管共有四种类型，分别是 N 沟道增强型绝缘栅场效应管、P 沟道增强型绝缘栅场效应管、N 沟道耗尽型绝缘栅场效应管、P 沟道耗尽型绝缘栅场效应管。它们的图形符号如图 2—5—7 所示，文字符号用 V 或 VT 表示。下面以 N 沟道绝缘栅场效应管为例，介绍其基本结构。

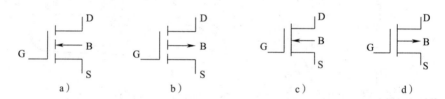

a）　　　　　　b）　　　　　　c）　　　　　　d）

图 2—5—7　绝缘栅场效应管图形符号

a）N 沟道增强型　b）P 沟道增强型　c）N 沟道耗尽型　d）P 沟道耗尽型

N 沟道增强型绝缘栅场效应管是在一块掺杂浓度较低的 P 型半导体（P 型硅衬底）上，扩散出两个掺杂浓度较高的 N＋区，并在两个 N＋区分别引出一个电极作为源极 S 和漏极 D，然后在硅片的表面喷涂很薄的二氧化硅绝缘层，再在二氧化硅绝缘层的表面喷涂铝，作为栅极 G，如图 2—5—8a 所示。因为绝缘栅场效应管使用金属、氧化物、半导体作为基本材料制造，所以绝缘栅场效应管又称为 MOS 管。

如果喷涂二氧化硅时，在二氧化硅中掺入大量正离子，形成的场效应管就是耗尽型场效应管。如图 2—5—8b 所示为 N 沟道耗尽型绝缘栅场效应管的结构示意图。

下面以 N 沟道增强型绝缘栅场效应管为例，介绍其工作原理。如图 2—5—9 所示，在场效应管各极加上合适的电压，由于栅极 G 接电源的正极，所以在衬底 P 型半导体中的电子，就会在电场的吸引下涌向栅极 G 的下方，而 P 区中的空穴在电场的作用下被排斥，这样在栅极 G 的下面就形成了高浓度的电子区，即原 P 型半导体在此区域"变成"

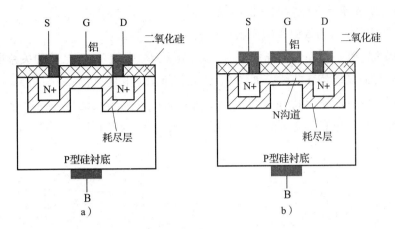

图2—5—8 N沟道绝缘栅场效应管结构示意图

a) 增强型 b) 耗尽型

了 N 型半导体，这就是反型层，反型层将两个 N + 区域连通，形成了一个从 S 到 D 的通道，即 N 沟道。如果此时存在电压 U_{DS}，就会形成电流 I_D，并且栅源电压 U_{GS} 越高，形成的沟道越宽，沟道电阻越小，I_D 就越大，这就是 N 沟道增强型绝缘栅场效应管的简单工作原理。

从 MOS 型场效应管的结构可以看出，无论是何种场效应管，都有对称的结构，从原理上讲它们的源极 S、漏极 D 都是可以互换的，但是由于在实际制造中，衬底和源极 S 在内部已经连接，并且在绝缘栅场效应管中，有时还有二极管作为保护，二极管的正极接源极 S，负极接漏极 D，所以在使用绝缘栅场效应管时，源极 S、漏极 D 并不能互换。绝缘栅场效应管内部接线图如图 2—5—10 所示（也作为符号使用）。

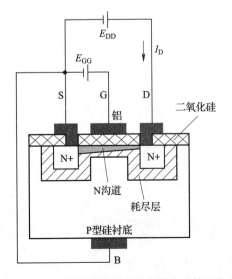

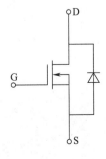

图 2—5—9 N 沟道增强型绝缘栅场效应管工作原理   图 2—5—10 绝缘栅场效应管内部接线图

2. N 沟道绝缘栅场效应管的特性曲线

（1）N 沟道绝缘栅场效应管的输出特性曲线

和结型场效应管一样，保持电压 U_{GS} 不变，电压 U_{DS} 和电流 I_D 之间的关系曲线，称为绝缘栅场效应管的输出特性曲线，如图 2—5—11 所示。其中，图 2—5—11a 为 N 沟道增强型绝缘栅场效应管的输出特性曲线，图 2—5—11b 为 N 沟道耗尽型绝缘栅场效应管的输出特性曲线。它们也有可变电阻区、恒流区（放大区）、截止区和击穿区四个区域。

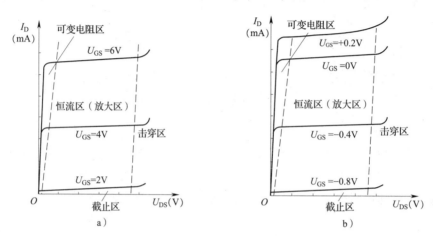

图 2—5—11 N 沟道绝缘栅场效应管的输出特性曲线

a）增强型 b）耗尽型

（2）N 沟道绝缘栅场效应管的转移特性曲线

图 2—5—12a 所示为 N 沟道增强型绝缘栅场效应管的转移特性曲线，图中 $U_{GS(th)}$ 表示开启电压。图 2—5—12b 所示为 N 沟道耗尽型绝缘栅场效应管的转移特性曲线，图中 $U_{GS(off)}$ 为夹断电压，I_{DSS} 为饱和电流。

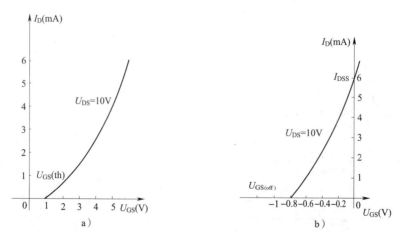

图 2—5—12 N 沟道绝缘栅场效应管转移特性曲线

a）增强型 b）耗尽型

（3）跨导

场效应管有一个类似于三极管放大倍数的指标，称为跨导。跨导是指电压 U_{DS} 一定时，漏极电流的变化量 ΔI_D 和栅源电压的变化量 ΔU_{GS} 之间的比值，用 g_m 表示，即：

$$g_m = \frac{\Delta I_D}{\Delta U_{GS}}$$

跨导的单位是西门子（S）。手册中描述的场效应管的跨导数值，一般是在场效应管采用共源接法，信号频率为 1 kHz，ΔU_{GS} 的幅度小于 100 mV 的状态下测得的，所以称为共源低频小信号跨导。

3．P 沟道绝缘栅场效应管

P 沟道绝缘栅场效应管是在 N 型半导体的衬底上制造出两个 P＋区，其基本结构与原理和 N 沟道绝缘栅场效应管完全相同，只是在使用时各极电压、实际电流方向和 N 沟道绝缘栅场效应管相反，这里不再重述。

由于场效应管的输入电阻极高，人体的感应电压就可能使之损坏，所以在工作时要佩戴防静电手环，并将手环可靠接地。没有条件时，要对人体静电进行释放，最简单的方法是用自来水洗一次手。存储场效应管时要将其引脚短路存放。

三、场效应管识别与检测

1．识别场效应管的引脚

常用场效应管的引脚排列如图 2—5—13 所示。

图 2—5—13　常用场效应管的引脚排列

2．结型场效应管好坏的判断

测量结型场效应管时，模拟式万用表使用 R×1 k 挡，数字式万用表使用 ⬛ 挡。下面介绍用数字式万用表检测结型场效应管的方法（以 3DJ6 型场效应管为例）。

说明——用数字式万用表 ⬛ 挡测量时，万用表显示的数值实际为两表笔之间的压降（电流 1 mA 时），此数值可反映电阻的大小。

（1）测量漏极 D 和源极 S 间正、反向电阻

用两表笔分别测量漏极 D 和源极 S 两个引脚间的正、反向电阻，两个引脚间的正、反向电阻都应较小，如图 2—5—14 所示。如果电阻为无穷大，则场效应管开路。

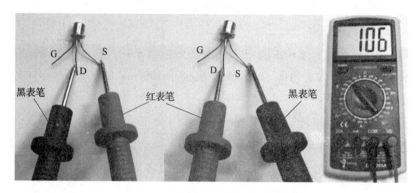

图 2—5—14　正反两次测量结型场效应管 D、S 极间电阻

（2）分别测量栅极 G 与漏极 D、源极 S 间的正反向电阻

结型场效应管的栅极 G 和漏极 D、栅极 G 和源极 S 之间，分别相当于一个普通二极管，所以通过测量它的正反向电阻，就可以判断其好坏，方法和测量二极管一样，测量结果如图 2—5—15 所示。

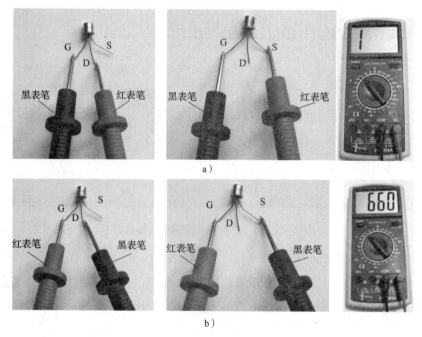

图 2—5—15　结型场效应管栅极 G 和漏极 D 以及栅极 G 和源极 S 间电阻
a）栅极 G 和漏极 D 以及栅极 G 和源极 S 间反向电阻
b）栅极 G 和漏极 D 以及栅极 G 和源极 S 间正向电阻

（3）估计放大能力

用数字式万用表红表笔接源极 D，黑表笔接漏极 S，这时显示的数值对应源极 D 和漏极 S 之间的电阻。然后用手指捏栅极 G，将人体的感应电压作为输入信号加到栅极上，由于场效应管的放大作用，数值将发生变化，数值变化越大，表明放大能力越大，若数值不变，则说明场效应管已经损坏。测量结果如图 2—5—16 所示。

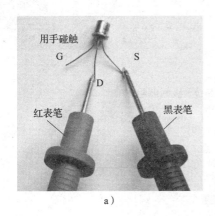

图 2—5—16　估计放大能力

a）表笔测量方法　b）手指未碰触时的显示　c）手指碰触 G 极时的显示

用模拟式万用表进行此步测量时，可以观察到万用表指针有明显的偏转。

3. 绝缘栅场效应管好坏的判断

以测量 N 沟道增强型场效应管（型号为 CEB703AL）为例进行介绍。测量场效应管使用数字式万用表的 ▶ 挡。测量步骤如下：

（1）放电

为了保证测量结果的准确性，在测量前要先短接场效应管的各引脚，如图 2—5—17 所示，对残余电荷进行放电。

图 2—5—17　对场效应管进行放电

（2）测量 D、S 极间电阻

根据绝缘栅场效应管结构可知，源极 S 和漏极 D 是彼此绝缘的，正反向测量都应该显示无穷大，但前面已经讲过，为了保护场效应管，在绝缘栅场效应管的内部往往安装有一个保护二极管，所以此步测量的实际结果和普通二极管的特性相同，如图 2—5—18 所示。

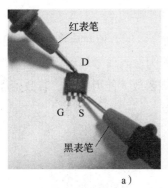

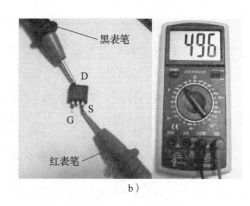

a)

b)

图2—5—18 测量D、S极间电阻

！操作提示

由于场效应管的漏极和散热片相通，测量时为了方便，表笔接漏极时，往往都是接在散热片上。

（3）测量G、S极间电阻，同时给G极充电

由于G、S极之间也是绝缘的，所以G、S极间电阻应为无穷大。如图2—5—19所示，用黑表笔固定S极不动，将红表笔接到G极，显示"1"表示电阻为无穷大。此步测量不但可以测出G、S极间是否通路，还可以给栅极提供一个电压，由于绝缘栅场效应管的输入电阻很高，所以所加的电荷短时间内不会消失，仿佛给G极充电。

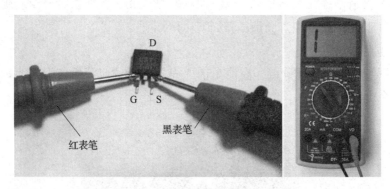

图2—5—19 测量G、S极间是否通路

（4）再次测量D、S极间的通断情况

由于上步测量中，已经给栅极加了一定的正电荷，所以正常情况下，无论表笔的方向如何，D极和S极之间都将形成通路。场效应管的D极和S极导通时，万用表显示0，同时蜂鸣器鸣响，发光二极管点亮，如图2—5—20所示。

如果将场效应管的引脚再次短路，则D、S极间恢复开路状态。测量结果如上所述，则表示场效应管性能良好。

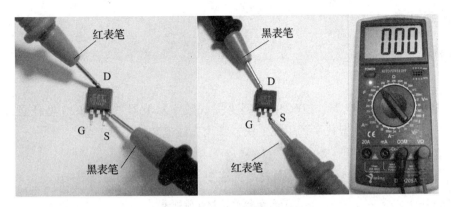

图2—5—20　D、S极间形成通路

四、场效应管放大电路简介

场效应管通过控制栅极与源极之间的电压来控制漏极电流。由于场效应管放大电路的输入电阻高，所以常用于作为电路的输入级。场效应管的源极、栅极、漏极，分别和三极管的发射极、基极、集电极相对应。根据输入、输出信号和场效应管的连接方法，有共源极放大电路、共栅极放大电路、共漏极放大电路三种。

和三极管放大电路一样，场效应管放大电路也要有适当的偏置，为放大电路建立静态工作点。如图2—5—21所示为自给偏压共源放大电路，栅、源极之间的直流偏压是由场效应管自身的电流流过 R_s 而产生的，故称为自给偏压电路。如图2—5—22所示为分压式偏置共源放大电路，电源经过 R1、R2 分压后，通过栅极电阻 R3 提供给栅极。

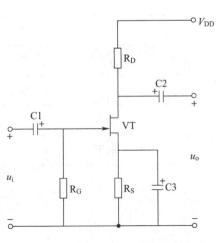

图2—5—21　自给偏压共源放大电路

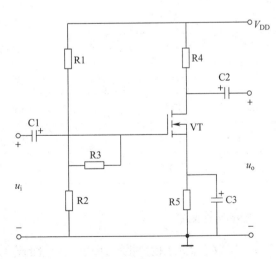

图2—5—22　分压式偏置共源放大电路

任务实施

一、器材准备

1. 工具与仪表

0～30 V 直流稳压电源、LDS21010 型手提式数字示波器、YB32020 型任意波形发生器各 1 台，DT-9205A 型数字万用表 1 块，常用无线电装接工具 1 套。

2. 元器件及材料

实施本任务所需的电子元器件及材料见表 2—5—1。

表 2—5—1　　　　　　　　　　　电子元器件及材料明细表

序号	名称	型号规格	数量	单位
1	场效应管	CEB703AL	1	个
2	场效应管	2N7000	1	个
3	场效应管	3DJ6	1	个
4	场效应管	J103	1	个
5	电阻器	100 kΩ	2	个
6	电阻器	1 MΩ	1	个
7	电阻器	4.7 kΩ	1	个
8	电阻器	2.2 kΩ	1	个
9	电阻器	10 kΩ	1	个
10	电位器	500 kΩ	1	个
11	电解电容器	4.7 μF/10 V	3	个
12	电路板	定制或 80 mm×100 mm 万能板	1	块
13	焊锡丝	φ0.8 mm	若干	
14	松香		若干	

二、场效应管测量

1. 用数字式万用表判断结型场效应管的好坏

用数字式万用表测量 3DJ6、J103 型结型场效应管，并将测量结果填入表 2—5—2 中。

表2—5—2　　　　　　　　　　　结型场效应管测量记录表

序号	型号	万用表挡位	D—S 极间正、反向电阻		G—D 极间正、反向电阻		G—S 极间正、反向电阻		质量判断
			正向	反向	正向	反向	正向	反向	
1	3DJ6								
2	J103								

2. 用数字式万用表判断绝缘栅场效应管的好坏

用数字式万用表测量 2N7000、CEB703AL 型绝缘栅场效应管，并将测量结果填入表2—5—3 中。

表2—5—3　　　　　　　　　　　绝缘栅场效应管测量记录表

序号	型号	万用表挡位	D—S 极间正、反向电阻		红表笔接 G 极、黑表笔接 D 极测电阻	再测 D—S 极间正、反向电阻		质量判断
			正向	反向		正向	反向	
1	2N7000							
2	CEB703AL							

三、场效应管共源放大电路安装与调试

1. 场效应管共源放大电路安装

分压式偏置场效应管共源放大电路原理图如图 2—5—23 所示，印制电路板图如图 2—5—24 所示。电路的安装方法和一般电子电路的安装方法相同，即按照表 2—5—1 选配元器件，并对元器件进行筛选，然后按照电子电路安装工艺要求正确安装电路。

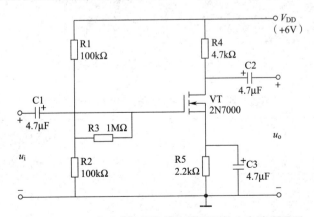

图 2—5—23　分压式偏置场效应管共源放大电路原理图

!**操作提示**

　　由于场效应管输入电阻高，对静电比较敏感，所以在安装电路时一定要戴好防静电手环，并使手环可靠接地。

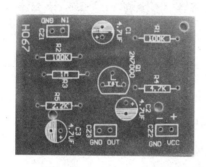

图2—5—24　分压式偏置场效应管共源放大电路印制电路板图

2．静态工作点调整

　　用一个 10 kΩ 电阻和 500 kΩ 电位器串联，接在 R1 位置，如图 2—5—25 所示。调整电位器，使 R2 两端电压分别为表 2—5—4 中数值，测量场效应管的漏极电流 I_D、源极电位 U_S、漏极电位 U_D、源极与漏极之间的电压 U_{DS}，并填入表 2—5—4 中。

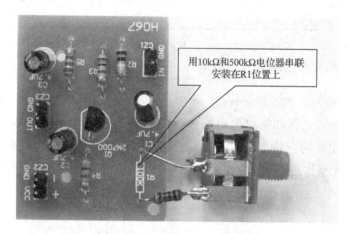

用10kΩ和500kΩ电位器串联安装在R1位置上

图2—5—25　场效应管共源放大电路实物图

表2—5—4　　　　　　　　场效应管共源放大电路静态工作点测量记录表

序号	R2 两端电压（V）	I_D	U_S	U_D	U_{DS}
1	1.2				
2	1.5				
3	2				

续表

序号	R2 两端电压（V）	I_D	U_S	U_D	U_{DS}
4	3				
5	4				
6	5				

场效应管的开启电压 $U_{GS(th)}$ 为：＿＿＿＿＿＿

3. 输入、输出电压波形的测量

将分压点电压调整到 3 V，信号发生器接在电路的输入端，使其输出 50 mV、1 kHz 的正弦波信号，然后用示波器测量输入、输出电压波形，并记录在表 2—5—5 中。

表 2—5—5　　　　场效应管共源放大电路输入、输出电压波形测量记录表

输入电压波形	
输出电压波形	
电压放大倍数 A_u	

任务评价

按表2—5—6所列项目进行任务评价，并将结果填入表中。

表2—5—6　　　　　　　　　　任务评价表

评价项目	评价标准	配分（分）	自我评价	小组评价	教师评价
职业素养	安全意识、责任意识、服从意识强	5			
	积极参加教学活动，按时完成各项学习任务	5			
	团队合作意识强，善于与人交流和沟通	5			
	自觉遵守劳动纪律，尊敬师长，团结同学	5			
	爱护公物，节约材料，工作环境整洁	5			
专业能力	能正确判断场效应管好坏	15			
	场效应管放大电路装配质量符合要求	20			
	能正确完成静态工作点测量	15			
	能正确完成波形测量	15			
	能正确填写测量数据	10			
合计		100			
总评	自我评价×20% + 小组评价×20% + 教师评价×60% =	综合等级	教师（签名）：		

注：学习任务考核采用自我评价、小组评价和教师评价三种方式，考核分为 A（90～100）、B（80～89）、C（70～79）、D（60～69）、E（0～59）五个等级。

思考与练习

1. 为什么说场效应管是单极型半导体器件？

2. 结型场效应管输出特性曲线有哪几部分？

3. 简述 N 沟道增强型场效应管的工作原理。

课题三　集成运算放大器应用电路

在一块硅片上，制作出三极管、电阻、电容等元器件，并将它们连接成具有一定功能的电路，这就是集成电路。集成电路具有参数稳定、可靠性高、使用方便等特点。集成电路现已广泛应用于电子电路，计算机用 CPU、单片机、遥控器中的编码电路、手机中的各功能模块等都是集成电路。集成电路的型号成千上万，封装形式多种多样，图 3—0—1 所示为部分集成电路的实物图。集成运算放大器是集成电路的一种，简称"集成运放"。

图 3—0—1　部分集成电路实物图

任务1　集成运算放大器线性应用电路的安装与调试

 学习目标

1. 掌握典型差动放大电路的构成及原理。
2. 了解集成运算放大器的内部电路构成。
3. 掌握集成运算放大器的主要参数，能简单选择集成运算放大器。
4. 掌握使用集成运算放大器的注意事项，能正确使用集成运算放大器。
5. 理解"虚短"与"虚断"的概念，掌握集成电路的分析计算方法。
6. 能正确安装、调试由集成运算放大器组成的电路。

任务引入

集成运算放大器是一个高增益的多级直耦放大器，由于早期主要用于模拟电子计算机中进行数学运算，故称为"运算放大器"。目前，运算放大器的应用已远远超出数学运算的范畴，而遍及电子技术的各个领域，如信号放大、信号变换、测量与控制等方面。本任务将学习如何正确使用集成运算放大器，了解集成电路的分析计算方法和集成运算放大器的线性应用，并完成集成运算放大器线性应用电路的安装、调试。

相关知识

一、典型差动放大电路

由于集成运算放大器是直接耦合的多级放大器，而直接耦合电路存在零点漂移问题，所以为了有效抑制零点漂移对电路的影响，集成运算放大器的第一级往往采用差动放大电路。

1. 典型差动放大电路的构成及原理

差动放大电路又称为差分放大电路，简称"差放"。典型的差动放大电路如图3—1—1所示。

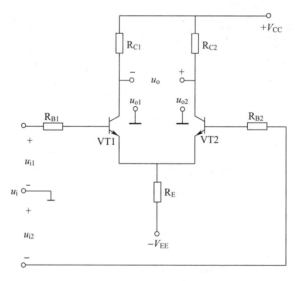

图3—1—1　典型的差动放大电路

图中两个三极管的参数一致，并安装在一个热槽中，以保证两个三极管温升一致。实际应用中，为了保证两个三极管的参数一致，人们还制造出孪生对管，如2SA979就是专门用于差动放大电路的孪生对管。

两个集电极电阻 R_{C1}、R_{C2} 阻值相等，两个基极电阻 R_{B1}、R_{B2} 阻值相等，整个电路保持对称。R_E 为发射极电阻，在图中像放大电路的一个尾巴，所以该电路又称为长尾式差动放大电路。输入信号从两个三极管的基极输入，输出信号从两个三极管的集电极输出。

由于信号从两个三极管的集电极输出，所以 $u_o = u_{o1} - u_{o2}$，当输入信号为 0 时，u_{o1}、u_{o2} 相等，输出电压 $u_o = u_{o1} - u_{o2} = 0$；当有零点漂移产生时，由于两个三极管的工作条件相同，会使 u_{o1}、u_{o2} 同时下降或同时上升，u_{o1}、u_{o2} 变化幅度也相同，最终使输出信号 u_o 保持不变，这就是差动放大电路抑制零点漂移的原理。由此可见，电路的对称性是差动放大电路能抑制零点漂移的主要原因。

2．差模信号、共模信号及共模抑制比

通常把大小相等、方向相反的信号，称为差模信号；而把大小相等、方向相同的信号，称为共模信号。

差动放大电路的差模放大倍数，和其中一个三极管组成的放大电路的放大倍数相同，所以，差动放大电路是以一个三极管为代价有效解决了零点漂移问题。

由于在制造三极管和安装电路时，不可能使电路绝对对称，因此对于共模信号将有一定的放大作用。人们把对共模信号的放大倍数定义为共模放大倍数，用 A_c 表示。对差模信号的放大倍数定义为差模放大倍数，用 A_d 表示。差模放大倍数和共模放大倍数的比值的绝对值，称为共模抑制比，用 K_{CMR} 表示，即：

$$K_{CMR} = \left| \frac{A_d}{A_c} \right|$$

共模抑制比是反应差动放大电路对共模信号抑制能力的重要指标。

3．差动放大电路的信号输入、输出形式

差动放大电路有两个输入端，分别称为同相输入端和反相输入端；有两个输出端。每个输入端都可以单独输入信号，而每个输出端也可以单独输出信号，所以差动放大电路有双端输入—双端输出、双端输入—单端输出、单端输入—单端输出、单端输入—双端输出四种形式。

分析差动放大电路可知，双端输出方式抑制零点漂移的效果最好。当电路采用单端输出方式时，由于电阻 R_E 对共模信号的反馈作用，依然有较好的抑制零点漂移的作用。

二、集成运算放大器的结构、主要参数及使用方法

1．集成运算放大器的电路构成

集成运算放大器的型号虽然很多，但一般都是由差动输入级、中间放大级、输出级和偏置电路组成的。集成运算放大器的内部组成框图如图 3—1—2 所示。

集成运算放大器内部一般采用直接耦合，而不采用阻容耦合结构，NPN 型、PNP 型三极管配合使用，并大量采用恒流源设置静态工作点或作为有源负载，用以提高电路性能。如图 3—1—3 所示为集成运算放大器内部原理图。

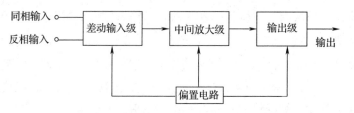

图 3—1—2 集成运算放大器的内部组成框图

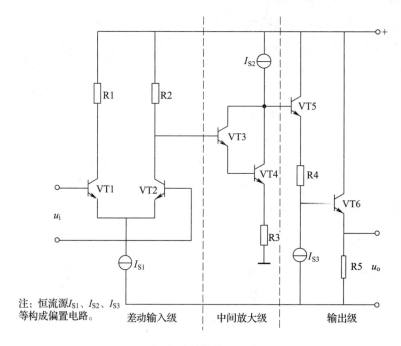

图 3—1—3 集成运算放大器内部原理图

（1）差动输入级

由于集成运算放大器是直接耦合放大器，处理好第一级的零点漂移问题就可以提高整个电路的性能指标，所以集成运算放大器的第一级通常采用差动放大电路。

（2）中间放大级

中间放大级的主要任务是使电路获得较大的电压放大倍数，所以中间放大级是直接耦合的多级放大器。

（3）输出级

输出级的作用是提供一定幅度的电流和电压输出，要求有较高的输入电阻和较低的输出电阻，以提高负载能力，常采用互补对称放大电路。

（4）偏置电路

偏置电路为各部分电路提供合适的静态工作点。

2．集成运算放大器的外形及符号

（1）集成运算放大器的外形

常用集成运算放大器的外形如图3—1—4所示，有金属圆壳式封装、单列直插式封装、双列直插式封装和贴片式封装等形式。目前常用的是单列直插式封装形式、双列直插式封装形式和贴片式封装形式。

图3—1—4　常用集成运算放大器的外形

（2）集成运算放大器的符号

集成运算放大器的图形符号如图3—1—5所示，文字符号用A或AJ表示。它有两个输入端，分别是同相输入端"＋"和反相输入端"－"。当信号从同相输入端输入时，输出信号的极性和输入信号的极性相同；当信号从反相输入端输入时，输出信号的极性和输入信号的极性相反。

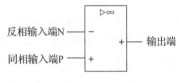

图3—1—5　集成运算放大器的图形符号

（3）典型集成运算放大器举例

1）LM324芯片是目前应用最广泛的通用集成运算放大器之一，有TTL型和MOS型两大类，其包含有四个运算放大单元。工作时，可以采用单电源供电，也可以采用双电源供电，单电源工作电压为3~32 V，双电源工作电压为±（1.5~16）V。LM324芯片的引脚排列如图3—1—6所示。

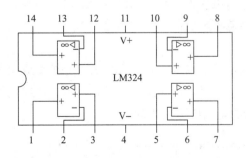

图3—1—6　LM324芯片的引脚排列

2）NE5532芯片是一种高性能、低噪声集成运算放大器，内部有两个运算放大单元。由于它具有良好的噪声性能，故特别适合应用在高品质音响设备、仪器仪表以及电话通道放大器中。它的工作电压为 ± （3 ~ 20）V，引脚排列如图 3—1—7 所示。

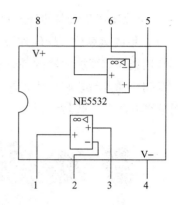

图 3—1—7　NE5532 芯片的引脚排列

3. 集成运算放大器的主要技术参数

（1）开环差模电压放大倍数 A_{ud}：集成运算放大器在无外加反馈条件下，输出电压与输入电压的变化量之比。

（2）输入失调电压 U_{IO}：在输入电压为零时，输出电压应该也为零，但实际电路的输出电压并不为零，将此输出电压除以电压增益，即为折算到输入端的失调电压。

（3）输入失调电流 I_{IO}：在输入电压为零时，差动输入级的差动对管的基极电流之差，用于表征差动输入级输入电流不对称的程度。

（4）最大差模输入电压 U_{IDM}：集成运算放大器两个输入端之间所能承受的最大差模输入电压。差模电压超过此电压时，输入三极管将出现击穿现象。

（5）最大共模输入电压 U_{ICM}：集成运算放大器两个输入端之间所能承受的最大共模输入电压。共模电压超过此值时，输入三极管将出现饱和现象，放大器失去共模抑制能力。

（6）差模输入电阻 r_{id}：输入差模信号时，集成运算放大器的输入电阻。

（7）共模抑制比 K_{CMR}：差模电压放大倍数与共模电压放大倍数之比。

4. 集成运算放大器使用方法

（1）集成运算放大器的选用

集成运算放大器的型号众多，性能各异，在进行电路设计时，应优先使用通用型集成运算放大器，以节约成本。对于特殊要求的电路，要根据电路特点采用如高输入电阻、低温漂、高速度、低电压、低功耗、大功率等特殊类型的集成运算放大器。

（2）零点调整

当集成运算放大器输入电压为零时，输出电压应该也为零，如果此时有电压输出，则需将输入信号短路，调整调零电位器，使输出电压为零。

（3）输入限幅保护

集成运算放大器输入信号的幅度不能太大，为了保护集成运算放大器，可在它的输入端安装两个反向并联的保护二极管，如图 3—1—8 所示，这样就可以将输入信号的幅度限制在 $\pm U_V$（U_V 为二极管的正向压降）之间。

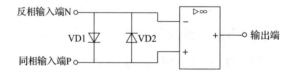

图 3—1—8　集成运算放大器的输入限幅保护电路

（4）输出限幅保护

输出限幅保护电路是为了防止输出端触及高电压，引起过流而设计的，如图3—1—9所示。图中，VZ为双向稳压管，它相当于两个稳压管反向串联，使输出端电压限制在$\pm(U_Z+U_V)$之间。

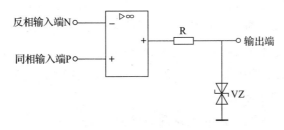

图3—1—9 集成运算放大器的输出限幅保护电路

（5）电源保护

为了防止电源接反而损坏集成运算放大器，可在电源的输入端分别串联一个二极管，如图3—1—10所示。当电源接反时，它们都处于截止状态，防止反向电压输入集成运算放大器而导致器件损坏。

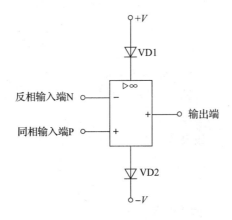

图3—1—10 集成运算放大器的电源保护电路

职业能力培养

通过网络查询、市场调研等多种途径收集常见集成运算放大器的型号、价格及特点等，并分析总结实际应用时应如何正确选用集成运算放大器。

三、集成运算放大器的工作特点

1. 集成运算放大器的理想化

在分析各种具体的集成运算放大器应用电路时，为了使问题简化，通常把集成运算放大器看成是一个理想器件，其理想特性主要有以下几点：

（1）开环差模电压放大倍数 $A_{ud} \to \infty$。

（2）开环差模输入电阻 $r_{id} \to \infty$。

（3）开环输出电阻 $r_o \to 0$。

（4）共模抑制比 $K_{CMR} \to \infty$。

（5）没有失调现象，即当输入信号为零时，输出信号也为零。

虽然实际的集成运算放大器不可能达到理想的要求，但在分析估算集成运算放大器应用电路时，将实际的集成运算放大器当作理想器件而带来的误差，通常不超出工程允许的范围。

2. 集成运算放大器的传输特性

表示输出电压与输入电压之间关系的曲线称为传输特性曲线。图 3—1—11 所示为集成运算放大器的传输特性曲线，从图中可以看出其分为线性区和饱和区（非线性区）。集成运算放大器可工作在线性区，也可工作在非线性区。

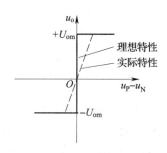

图3—1—11 集成运算放大器的传输特性曲线

3. 理想集成运算放大器工作于线性区的特点

由于理想集成运算放大器的开环差模电压放大倍数趋于无穷大，因此电路中必须引入负反馈才能保证集成运算放大器工作于线性状态。这时输出电压与输入电压满足线性放大关系，即：

$$u_o = A_{ud}(u_P - u_N)$$

式中，u_o 为有限值，而理想集成运算放大器的 $A_{ud} \to \infty$，因而净输入电压 $u_P - u_N = 0$，即 $u_P = u_N$。

这一特性称为"虚短"。如果有一输入端接地，则另一输入端也非常接近地电位，称为"虚地"。

又因为理想集成运算放大器的开环差模输入电阻 $r_{id} \to \infty$，所以两个输入端的输入电流也均为零，即 $i_P = i_N = 0$，这一特性称为"虚断"。

4. 理想集成运算放大器工作于非线性区的特点

当集成运算放大器处于开环状态或电路引入正反馈时，集成运算放大器工作于非线性区。由于理想集成运算放大器的开环差模电压放大倍数为无穷大，所以只要输入无穷小的差值电压，输出电压就会达到正的最大值或负的最大值，其特点是：

当 $u_P > u_N$ 时，$u_o = + U_{om}$

当 $u_P < u_N$ 时，$u_o = - U_{om}$

$u_P \neq u_N$，可见，理想集成运算放大器工作在非线性区时电路不再有"虚短"特性。

又由于理想集成运算放大器的开环差模输入电阻 $r_{id} \to \infty$，故净输入电流为零，即 $i_P = i_N = 0$，可见，理想集成运算放大器工作在非线性区时仍具有"虚断"特性。

四、集成运算放大器的线性应用

1. 比例运算器

（1）反相比例运算器

反相比例运算器如图 3—1—12 所示，输入信号从集成运算放大器的反相输入端输入。图中，R_f 为负反馈电阻，R2 为补偿电阻，为保持集成运算放大器的对称性，$R_2 = R_f // R_1$。反相比例运算器的输出信号和输入信号反相。

根据基尔霍夫节点电流定律可得，对于节点 N 有 $i_{R1} = i_f + i_N$。

再由"虚断"的概念可知 $i_N = 0$，所以 $i_{R1} = i_f$，即 $\dfrac{u_i - u_N}{R_1} = \dfrac{u_N - u_o}{R_f}$。

因为 $i_N = 0$，电阻 R2 上无电流流过，N 点为零电位，即 N 点为"虚地"，$u_N = 0$，代入 $\dfrac{u_i - u_N}{R_1} = \dfrac{u_N - u_o}{R_f}$，整理可得 $u_o = -\dfrac{R_f}{R_1} u_i$。

因此电路的放大倍数 $A_{uf} = -\dfrac{R_f}{R_1}$。

当 $R_f = R_1$ 时，电路的放大倍数为 -1，输出信号和输入信号大小相等、相位相反，此时电路称为反相器。

（2）同相比例运算器

同相比例运算器如图 3—1—13 所示，信号从电路的同相输入端输入，电路的放大倍数 $A_{uf} = 1 + \dfrac{R_f}{R_1}$。

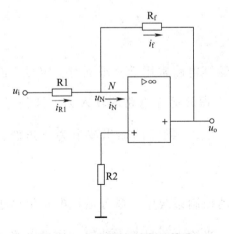

图 3—1—12　反相比例运算器

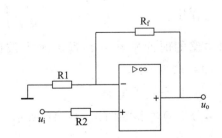

图 3—1—13　同相比例运算器

当电路的 $R_f = 0$ 时，电路的放大倍数 $A_{uf} = 1$，且输出信号和输入信号同相，称为电压跟随器。

2. 加法运算电路

加法运算电路如图 3—1—14 所示，电路的输出为：

$$u_o = -\left(\frac{R_f}{R_1} u_{i1} + \frac{R_f}{R_2} u_{i2} + \frac{R_f}{R_3} u_{i3} \right)$$

当 $R_1 = R_2 = R_3 = R_f$ 时，输出为 $u_o = -(u_{i1} + u_{i2} + u_{i3})$。

3. 减法运算电路

减法运算电路如图 3—1—15 所示，输入信号分别从同相输入端和反相输入端输入，当电路中 $R_1 = R_2$、$R_3 = R_f$ 时，输出为 $u_o = \frac{R_f}{R_1}(u_{i2} - u_{i1})$。

当 $R_1 = R_2 = R_3 = R_f$ 时，输出为 $u_o = u_{i2} - u_{i1}$。

减法运算电路常作为测量放大器，用于放大各种微弱的差值信号。

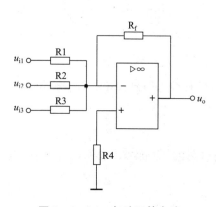

图 3—1—14　加法运算电路

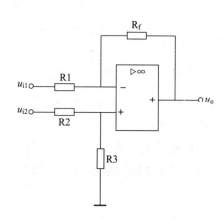

图 3—1—15　减法运算电路

4. 积分与微分运算电路

（1）积分运算电路

积分运算电路如图 3—1—16 所示。积分运算电路常用于实现延时、定时、波形变换等作用，它的输出为 $u_o = -\frac{1}{R_1 C} \int u_i \mathrm{d}t$。当积分运算电路的输入为方波信号时，如果电路的时间常数 $R_1 C$ 远大于方波的脉冲宽度，则它的输出波形为三角波，如图 3—1—17 所示。

（2）微分运算电路

微分运算电路如图 3—1—18 所示。在自动控制系统中，微分运算电路常用于产生控制脉冲信号，它的输出为 $u_o = -R_1 C \frac{\mathrm{d}u_i}{\mathrm{d}t}$。当输入信号为方波时，如果电路的时间常数 $R_1 C$ 远小于方波的脉冲宽度，则它的输出波形为尖脉冲，如图 3—1—19 所示。

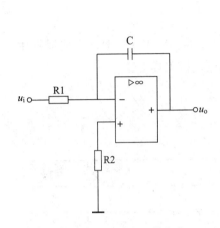

图 3—1—16　积分运算电路

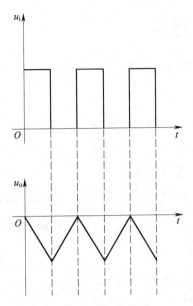

图 3—1—17　积分运算电路输入为方波时的输出波形

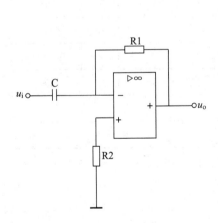

图 3—1—18　微分运算电路

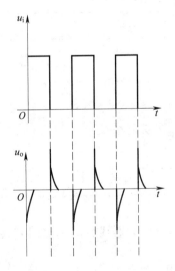

图 3—1—19　微分运算电路输入为方波时的输出波形

职业能力培养

　　在教师指导下，利用集成运算放大器"虚短"与"虚断"概念，推导出同相比例运算器、加法器、减法器等电路输入信号与输出信号的关系式。

任务实施

一、器材准备

1. 工具与仪表

0~30 V 直流稳压电源、LDS21010 型手提式数字示波器、YB32020 型任意波形发生器各 1 台，DT-9205A 型数字式万用表 1 块，常用无线电装接工具 1 套。

2. 元器件及材料

实施本任务所需的电子元器件及材料见表 3—1—1。

表 3—1—1 电子元器件及材料明细表

序号	名称	型号规格	数量	单位
1	集成运算放大器	LM324	1	个
2	电阻器	1 kΩ	5	个
3	电阻器	510 Ω	2	个
4	电阻器	750 Ω	1	个
5	电阻器	5.1 kΩ	1	个
6	电阻器	10 kΩ	1	个
7	集成运算放大器插座	14 P	1	个
8	万能电路板	80 mm × 100 mm	1	块
9	焊锡丝	φ0.8 mm	若干	
10	松香		若干	

二、集成运算放大器线性应用电路安装

1. 电路分析

集成运算放大器线性应用电路如图 3—1—20 所示。电路采用 ±6 V 电源供电，集成运算放大器为通用集成运算放大器 LM324，电路的第一级为电压跟随器，第二级为反相比例运算器，第三级为同相比例运算器，第四级为反相器。

2. 识别集成电路的引脚

集成电路的引脚功能各不相同，一般在集成电路的外壳上用一个缺口或一个圆点等表示集成电路引脚的起始位置。通常缺口左下方的第一引脚为 1，其他引脚按照逆时针方向依次排列。如图 3—1—21 所示为几种集成电路的引脚排列方式。

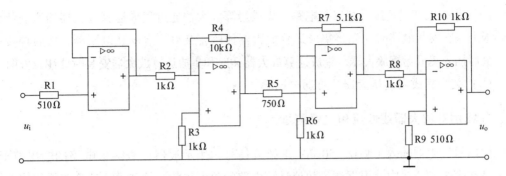

图 3—1—20 集成运算放大器线性应用电路

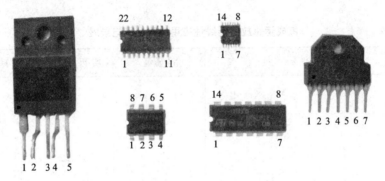

图 3—1—21 集成电路引脚排列方式

3. 绘制集成运算放大器线性应用电路安装接线图

根据图 3—1—20 所示电路原理图设计安装接线图，并绘制在图 3—1—22 中。

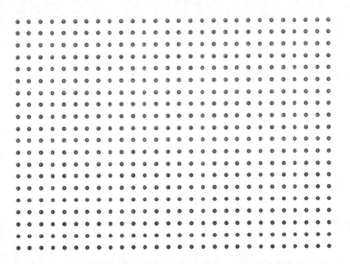

图 3—1—22 集成运算放大器线性应用电路安装接线图

4. 集成运算放大器线性应用电路安装

（1）根据表 3—1—1 准备好元器件，并对元器件进行筛选。

131

（2）根据电路安装接线图安装电路。集成运算放大器通过集成运算放大器插座安装在电路板上。在安装电路时，先将集成运算放大器插座安装好，再安装电阻器，然后焊接连线，最后插入集成运算放大器。集成运算放大器插座和集成运算放大器安装时要注意方向。

（3）装配完成后确认无误，可通电试验。

三、集成运算放大器线性应用电路测量

用信号发生器输入 1 kHz、50 mV 正弦波信号，用示波器逐级测量电路的输出波形，并记录在表 3—1—2 中。根据测量数值计算电路的放大倍数，并和理论计算获得的放大倍数相比较。

表 3—1—2　　　　集成运算放大器线性应用电路测量记录表

项目	波形	电压值	实际放大倍数	理论放大倍数
输入信号			—	—
第一级输出信号				
第二级输出信号				

续表

项目	波形	电压值	实际放大倍数	理论放大倍数
第三级 输出信号				
第四级 输出信号				
测得的总放大倍数				
理论总放大倍数				

对比测得的总放大倍数与理论总放大倍数是否相同，如不相同，分析误差产生的原因。

任务评价

按表3—1—3所列项目进行任务评价，并将结果填入表中。

表3—1—3 任务评价表

评价 项目	评价标准	配分（分）	自我 评价	小组 评价	教师 评价
职业 素养	安全意识、责任意识、服从意识强	5			
	积极参加教学活动，按时完成各项学习任务	5			
	团队合作意识强，善于与人交流和沟通	5			
	自觉遵守劳动纪律，尊敬师长，团结同学	5			
	爱护公物，节约材料，工作环境整洁	5			

续表

评价项目	评价标准	配分（分）	自我评价	小组评价	教师评价
专业能力	能正确绘制安装接线图	10			
	电路装配质量符合要求	20			
	能正确使用仪器仪表完成测量项目	30			
	能正确填写、分析测量数据	15			
	合计	100			
总评	自我评价×20% + 小组评价×20% + 教师评价×60% =	综合等级	教师（签名）：		

注：学习任务考核采用自我评价、小组评价和教师评价三种方式，考核分为 A（90～100）、B（80～89）、C（70～79）、D（60～69）、E（0～59）五个等级。

思考与练习

1. 典型差动放大电路是如何消除零点漂移的？
2. 什么是共模信号？什么是差模信号？
3. 集成运算放大器由哪些部分组成？各有何作用？

*任务2　蓄电池过放电报警电路的安装与调试

学习目标

1. 掌握电压比较器的电路组成及工作原理。
2. 掌握方波发生器的电路组成及工作原理。
3. 能正确安装、调试蓄电池过放电报警电路。

任务引入

集成运算放大器除了工作于深度负反馈用于数学运算以外，还可以利用其开环增益为无穷大的特点，只要给反相输入端和同相输入端之间输入微小的电压差值，就会使集成运算放大器的输出电压偏向它的饱和值，在 $+U_{om}$ 和 $-U_{om}$ 两个值之间跳跃变化，实现电压比较、波形变换等功能。这时，集成运算放大器工作在传输特性的非线性区。

本任务将要制作的蓄电池过放电报警电路，就是利用集成运算放大器组成电压比较器，用于对蓄电池过放电进行报警。此外，路灯控制电路、温度控制电路等也可利用这一原理设计而成。

 相关知识

一、基本电压比较器

电压比较器简称比较器，其基本电路如图3—2—1所示。当输入电压 u_i 小于基准电压 U_R 时，输出高电平 $+U_{om}$；当输入电压 u_i 大于基准电压 U_R 时，输出低电平 $-U_{om}$。基本电压比较器的传输特性曲线如图3—2—2所示。

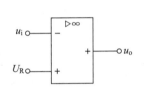

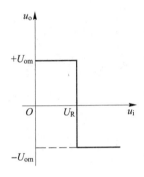

图3—2—1 基本电压比较器　　　图3—2—2 基本电压比较器的传输特性曲线

当给基本电压比较器的输入端加入正弦波信号时，可以输出矩形波信号，如图3—2—3所示。

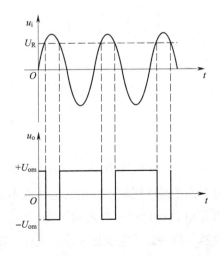

图3—2—3 基本电压比较器输入正弦波信号时的输出波形

如果基准电压 U_R 等于零，则电路就是一个过零比较器，如图 3—2—4 所示。它的传输特性曲线如图 3—2—5 所示。当输入正弦波信号时，其输出波形如图 3—2—6 所示。显然，过零比较器可以将正弦波信号转换成方波信号。

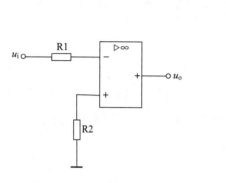

图 3—2—4　过零比较器

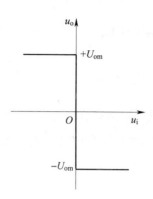

图 3—2—5　过零比较器的传输特性曲线

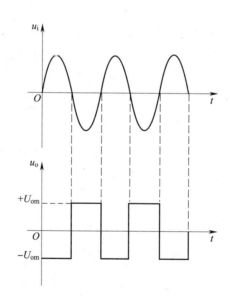

图 3—2—6　过零比较器输入正弦波信号时的输出波形

二、迟滞电压比较器

基本电压比较器结构简单，但抗干扰能力差。当输入信号 u_i 在接近于阈值 U_R 附近变化时，集成运算放大器可能工作于线性区域，输出的电压值不是饱和电压，有时还会在高低输出电压之间振荡，如果在电路设计时有一定的回差电压，就可以有效解决这样的问题。有回差电压的电压比较器，称为迟滞电压比较器，又称为施密特触发器。迟滞电压比较器的基本电路如图 3—2—7 所示，它的传输特性曲线如图 3—2—8 所示。

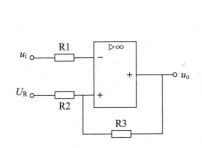

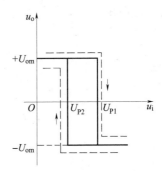

图 3—2—7 迟滞电压比较器的基本电路　　图 3—2—8 迟滞电压比较器的传输特性曲线

根据集成运算放大器"虚断"的概念可得，集成运算放大器同相输入端的电位为：

$$u_+ = \frac{R_3}{R_2 + R_3}U_R + \frac{R_2}{R_2 + R_3}u_o$$

电压比较器翻转的条件是：当 $u_i > u_+$ 时，电路输出 $-U_{om}$；当 $u_i < u_+$ 时，电路输出 $+U_{om}$。所以，当电路输出为 $+U_{om}$ 时，电路的翻转电压（称为上门限电压）为：

$$U_{P1} = \frac{R_3}{R_2 + R_3}U_R + \frac{R_2}{R_2 + R_3}U_{om}$$

当电路输出为 $-U_{om}$ 时，电路的翻转电压（称为下门限电压）为：

$$U_{P2} = \frac{R_3}{R_2 + R_3}U_R - \frac{R_2}{R_2 + R_3}U_{om}$$

U_{P1}、U_{P2} 之间的差值称为回差电压。

三、方波发生器

方波发生器电路如图 3—2—9 所示，其由迟滞电压比较器和 RC 充放电回路两部分组成，双向稳压二极管对输出电压起稳幅作用。

1. 工作原理

假设开始时，$u_N = u_C(t) = 0$，且 $u_o = U_Z$，则门限电压为：

$$U_{P1} = \frac{R_2}{R_1 + R_2}U_Z$$

此时，$u_N < U_{P1}$，输出电压 $u_o = U_Z$，u_o 经电阻 R_f 对电容 C 充电，使 u_C 由零逐渐上升，当 $u_C(t) > U_{P1}$ 时，输出电压 u_o 发生翻转，由 U_Z 跳变为 $-U_Z$，门限电压随之变为：

$$U_{P2} = -\frac{R_2}{R_1 + R_2}U_Z$$

此后，电路的输出电压 $u_o = -U_Z$，对电容 C 反向充电（即电容 C 放电），$u_C(t)$ 逐渐下降，当 $u_C(t)$ 下降至 U_{P2} 值时，输出电压 u_o 又从 $-U_Z$ 翻回到 U_Z，如此周而复始，波形如图 3—2—9c 所示。

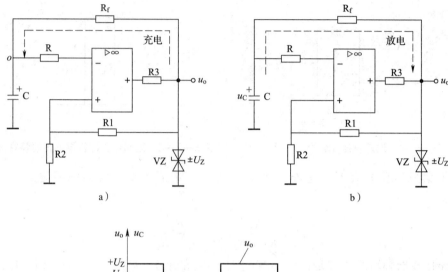

图 3—2—9 方波发生器电路

a）输出端对电容充电 b）电容向输出端放电 c）电容电压 u_C 波形及输出电压 u_o 波形

2. 振荡周期及其调节

方波周期与电容 C 的充放电时间有关，估算式为：

$$T = 2RC\ln\left(1 + \frac{2R_2}{R_1}\right)$$

改变 R、C 或 R_1、R_2 的值，即可改变方波的周期。若将电路适当改动，使电容充、放电时间不等，则输出信号为正负半周宽度不等的矩形波。

 任务实施

一、器材准备

1. 工具与仪表

0～30 V 直流稳压电源 1 台，DT-9205A 型数字式万用表 1 块，常用无线电装接工具 1 套。

2. 元器件及材料

实施本任务所需的电子元器件及材料见表3—2—1。

表3—2—1 电子元器件及材料明细表

序号	名称	型号规格	数量	单位
1	三极管	S9014	1	个
2	电阻器	4.7 kΩ	2	个
3	电阻器	1 kΩ	1	个
4	电位器	10 kΩ	1	个
5	稳压二极管	5.1 V	1	个
6	发光二极管	3 mm（红色）	1	个
7	二极管	1N4007	1	个
8	集成运算放大器	LM358	1	个
9	蜂鸣器	SUN12095	1	个
10	集成运算放大器插座	8 P	1	个
11	电路板	定制或 80 mm×100 mm 万能板	1	块
12	焊锡丝	φ0.8 mm	若干	
13	松香		若干	

二、蓄电池过放电报警器安装

1. 蓄电池过放电报警器原理图

12 V 蓄电池的放电终止电压是 10.8 V，当蓄电池的电压低于该电压时，即为过放电，过放电对蓄电池是十分有害的。图 3—2—10 所示为蓄电池过放电报警器电路图，当蓄电池的电压达到放电终止电压 10.8 V 时，电路将发出声、光报警信号，提醒给蓄电池充电。

蓄电池过放电报警器电路的工作原理是：集成运算放大器 3 脚（同相输入端）接基准电压 5.1 V，当蓄电池电压充足时，集成运算放大器 2 脚（反相输入端）的电压高于 3 脚电压，它的 1 脚（输出端）将输出低电平，此时三极管 VT 截止，发光二极管不亮，蜂鸣器不响。随着蓄电池逐渐放电，2 脚电位将不断降低，当它低于 3 脚电位（5.1 V）时，集成运算放大器输出高电平，三极管 VT 导通，此时发光二极管将点亮，蜂鸣器发出警报声，提示蓄电池电压已下降到下限值。

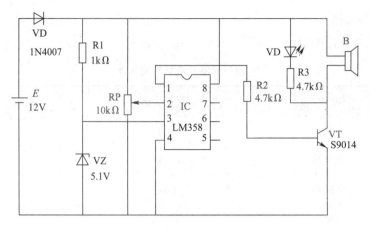

图3—2—10　蓄电池过放电报警器电路图

2．蓄电池过放电报警器印制电路板

蓄电池过放电报警器的印制电路板如图3—2—11所示。

 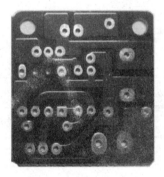

图3—2—11　蓄电池过放电报警器的印制电路板

3．认知蓄电池过放电报警器组成元件

（1）蜂鸣器

SUN12095型电磁式蜂鸣器外形如图3—2—12所示，它是一种内部具有电子电路的蜂鸣器，只要将其接入5 V电源，就可以发出2 kHz左右的蜂鸣声。该蜂鸣器结构小巧，广泛应用于计算机主板、电子闹钟等电子电路中。SUN12095型蜂鸣器的两个引脚有正负极之分，一般长引脚是正极，短引脚是负极，此外在蜂鸣器的外壳上也有正极标记。

（2）蓄电池

蓄电池种类很多，其中最常用的是铅酸蓄电池，它是电池中的一种，属于二次电池。图3—2—13所示为蓄电池实物图。蓄电池是将化学能直接转化成电能的装置，通过可逆的化学反应实现再充电，它用填满海绵状铅的铅基板栅做负极，用填满

图3—2—12　蜂鸣器

二氧化铅的铅基板栅做正极，并用稀硫酸做电解质。蓄电池有一个正极和一个负极，单体电压是 2 V，每节电池的放电终止电压约为 1.8 V，充电终止电压约为 2.4 V。由一个或多个单体构成的电池组，称为蓄电池组。最常见的是 6 V、12 V 两种规格，广泛应用于汽车、电动自行车、UPS 备用电源等场合。

图 3—2—13　蓄电池

4. 蓄电池过放电报警器的安装与调试

（1）根据表 3—2—1 准备好元器件，并对元器件进行筛选。

（2）蓄电池过放电报警器电路的安装方法和其他电子电路的安装方法相同，电阻器、稳压二极管等采用卧式安装方式，发光二极管、三极管、蜂鸣器等采用立式安装方式，集成运算放大器通过集成运算放大器插座安装在电路板上。

（3）电路安装好后，要进行调试才能正常工作。调试时，先用直流稳压电源代替蓄电池，将直流稳压电源电压调整到 10.8 V，连接好电路后接通电源，此时电路可能报警，也可能不报警。如果电路为报警状态，逆时针调节电位器，使电路不报警，然后再反向调节电位器，使电路刚好报警；如果电路为不报警状态，顺时针调节电位器，使电路刚好报警，电路即调试完成。

（4）将直流稳压电源电压调高，使电路不报警，然后调整电源电压，使其缓慢下降到 10.8 V，测试电路是否报警。

三、蓄电池过放电报警器电路测量

分别测量电源电压为 12 V（电路处于不报警状态）和 10.8 V（电路处于报警状态）时，集成运算放大器和三极管各引脚的电位，并填入表 3—2—2 中。

表 3—2—2　　　　　　　　蓄电池过放电报警器电路测量记录表

测量项目 输入 电压(V)	集成运算放大器各引脚电位					三极管各引脚电位			稳压 二极管电压
	1	2	3	4	8	E	B	C	
12									
10.8									

职业能力培养

通过查阅资料或互联网检索等途径获取有效信息，结合所学知识设计一个路灯控制电路，要求当晚间光线较弱时，自动开启路灯。

任务评价

按表 3—2—3 所列项目进行任务评价，并将结果填入表中。

表 3—2—3   任务评价表

评价项目	评价标准	配分（分）	自我评价	小组评价	教师评价
职业素养	安全意识、责任意识、服从意识强	5			
	积极参加教学活动，按时完成各项学习任务	5			
	团队合作意识强，善于与人交流和沟通	5			
	自觉遵守劳动纪律，尊敬师长，团结同学	5			
	爱护公物，节约材料，工作环境整洁	5			
专业能力	能正确分析电路工作原理	15			
	装配电路质量符合要求	25			
	能用直流稳压电源模拟蓄电池调试电路	20			
	能正确使用仪器仪表测量各点电位	15			
合计		100			
总评	自我评价×20% + 小组评价×20% + 教师评价×60% =	综合等级	教师（签名）：		

注：学习任务考核采用自我评价、小组评价和教师评价三种方式，考核分为 A（90~100）、B（80~89）、C（70~79）、D（60~69）、E（0~59）五个等级。

 思考与练习

1. 理想集成运算放大器工作在线性区和非线性区各有什么特点？

2. 滞回电压比较器与基本电压比较器相比，有哪些优点？

课题四　信号产生电路

在模拟电子电路中，常需要各种各样的信号作为测试或控制信号，而这些信号通常来源于信号产生电路。信号产生电路无须外加信号，就能自动地把直流电能转换成具有一定频率、一定振幅、一定波形的交流信号，这种电路也称为自激振荡电路。若振荡电路产生的交流信号的波形为正弦波，则称为正弦波振荡电路；若为非正弦波，则称为非正弦波振荡电路。信号产生电路在测量、通信、无线电广播、雷达、电子乐器等设备中有着广泛的应用。

任务1　RC 正弦波振荡电路的安装与调试

 学习目标

1. 掌握正弦波振荡电路的振荡条件和电路组成。
2. 掌握 RC、LC 正弦波振荡电路的组成。
3. 能正确安装、调试 RC 正弦波振荡电路。

 任务引入

正弦波振荡电路根据组成元件不同，可分为 LC 振荡电路、RC 振荡电路、石英晶体振荡电路。根据产生的振荡频率不同，又可分为超低频振荡电路、低频振荡电路、高频振荡电路、超高频振荡电路等。许多低频信号发生器中都是采用的 RC 正弦波振荡电路。本次任务主要通过 RC 正弦波振荡电路的安装与调试，掌握信号产生电路的相关知识。

 相关知识

一、正弦波振荡电路的振荡条件和电路组成

1. 正弦波振荡电路的振荡条件

当人们不小心将话筒对准音箱时，就会听到刺耳的声音，这就是正反馈引起的振荡现象。一个正弦波振荡电路包括基本放大电路（放大倍数为 A）和反馈网络（反馈系数为 F），它和前面介绍的反馈放大器结构相同，但在振荡电路中的反馈是正反馈。正弦波振荡电路的框图如图 4—1—1 所示。

为了使正弦波振荡电路能够自动输出正弦信号，它必须满足以下两个条件。

（1）振幅平衡条件：是指反馈电压的振幅应等于输入电压的振幅，即 $AF=1$。一般取 $AF \geq 1$，以便于电路起振。

（2）相位平衡条件：是指反馈信号与输入信号要同相，即必须是正反馈。

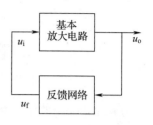

图 4—1—1　正弦波振荡电路框图

判断一个振荡电路能否工作，主要是判断相位平衡条件，通常只要相位平衡条件能满足要求，电路就很容易起振，因为振幅平衡条件比较容易满足。

2. 电路组成

正弦波振荡电路由基本放大电路、选频网络、正反馈网络和稳幅环节组成。

（1）基本放大电路：保证电路有足够的放大倍数，实现能量控制。

（2）选频网络：确定电路的振荡频率，使电路产生单一频率的正弦波。

（3）正反馈网络：引入正反馈信号作为输入信号，使电路产生自激振荡。

（4）稳幅环节：使输出信号的幅度稳定。

二、RC 正弦波振荡电路

采用 RC 选频网络的正弦波振荡电路，称为 RC 正弦波振荡电路。如图 4—1—2 所示为 RC 正弦波振荡电路的原理图，图中 VT1、VT2 组成两级基本放大电路，R1、R2、C1、C2 组成选频网络。当 $R_1=R_2=R$、$C_1=C_2=C$ 时，输出信号的频率为：

$$f_o = \frac{1}{2\pi RC}$$

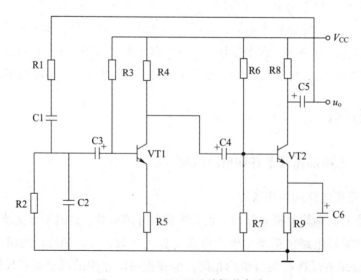

图 4—1—2　RC 正弦波振荡电路

三、LC 正弦波振荡电路

1. 变压器反馈式 LC 振荡电路

图 4—1—3 所示为变压器反馈式 LC 振荡电路。图中，VT 及其偏置电阻组成共发射极放大电路；C2 和变压器 T 的一次绕组构成选频网络；变压器二次绕组为反馈绕组，提供正反馈信号；C3 为旁路电容。当变压器一次绕组的电感量为 L 时，电路输出信号的频率为：

$$f_o \approx \frac{1}{2\pi \sqrt{LC_2}}$$

变压器反馈式 LC 振荡电路常用于产生低于数百千赫兹的低频信号。

2. 电感三点式 LC 振荡电路

图 4—1—4 所示为电感三点式 LC 振荡电路。在交流通路中，三极管的三个引脚分别和电感相连，所以称为电感三点式 LC 振荡电路。图中，VT 及其偏置电阻组成基本放大电路，L 为有抽头的电感，如果电感的总电感量为 L，则电路输出信号的频率为：

$$f_o \approx \frac{1}{2\pi \sqrt{LC}}$$

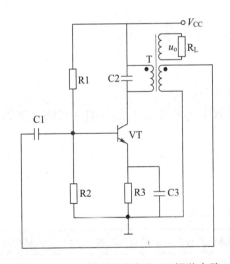

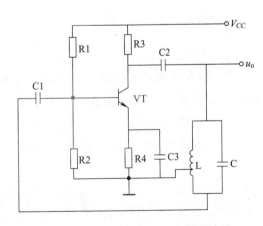

图 4—1—3 变压器反馈式 LC 振荡电路　　　　图 4—1—4 电感三点式 LC 振荡电路

电感三点式 LC 振荡电路的输出频率一般为数十千赫兹至 100 MHz。它的结构简单，调试方便，但输出波形较差。

3. 电容三点式 LC 振荡电路

图 4—1—5 所示为电容三点式 LC 振荡电路。在交流通路中，三极管的三个引脚分别和电容相连，所以称为电容三点式 LC 振荡电路。若 C2、C4 串联后的总电容为 C，则电路输出信号的频率为：

$$f_o \approx \frac{1}{2\pi \sqrt{LC}}$$

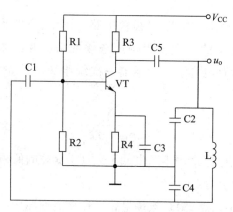

图4—1—5 电容三点式 LC 振荡电路

电容三点式 LC 振荡电路的输出频率为数十千赫兹至数百兆赫兹，它的输出波形优于电感三点式 LC 振荡电路。

 任务实施

一、器材准备

1. 工具与仪表

0~30 V 直流稳压电源、LDS21010 型手提式数字示波器各 1 台，DT－9205A 型数字式万用表 1 块，常用无线电装接工具 1 套。

2. 元器件及材料

实施本任务所需的电子元器件及材料见表4—1—1。

表4—1—1　　　　　　　　　电子元器件及材料明细表

序号	名称	型号规格	数量	单位
1	三极管	S9013	2	个
2	电阻器	7.5 kΩ	1	个
3	电阻器	10 kΩ	2	个
4	电阻器	200 kΩ	1	个
5	电阻器	470 Ω	1	个
6	电阻器	1 kΩ	1	个
7	电阻器	100 Ω	1	个

续表

序号	名称	型号规格	数量	单位
8	电阻器	2.2 kΩ	1	个
9	电阻器	33 kΩ	1	个
10	电阻器	3.6 kΩ	1	个
11	电阻器	10 kΩ	1	个
12	可调电阻器	10 kΩ	1	个
13	电解电容器	4.7 μF/16 V	3	个
14	电解电容器	100 μF/16 V	1	个
15	电容器	0.1 μF	1	个
16	电路板	定制或 80 mm×100 mm 万能板	1	块
17	插针	2 位	2	个
18	焊锡丝	ϕ0.8 mm	若干	
19	松香		若干	

二、RC 振荡电路安装与调试

1. RC 振荡电路原理图

图 4—1—6 所示为 RC 振荡电路原理图。图中，C1、R1、R5 组成选频网络，C2、C3 为耦合电容，C4 为旁路电容，VT1、VT2 及偏置电阻等组成两级放大电路，C5、R2、RP、R6组成反馈网络。该电路输出信号的频率为 1 ～4 kHz，调整 RP 可以改变输出信号的频率。

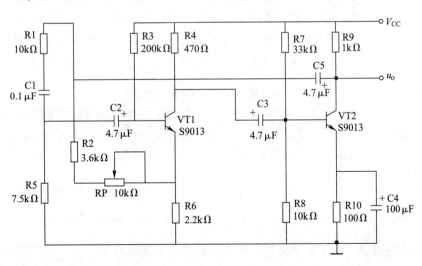

图 4—1—6　RC 振荡电路原理图

2. RC 振荡电路印制电路板

RC 振荡电路的印制电路板如图 4—1—7 所示。

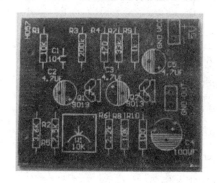

图 4—1—7　RC 振荡电路印制电路板

3. RC 振荡电路的安装

RC 振荡电路的元器件布局密集，焊盘之间的距离较小，焊接时要特别注意防止连焊现象的发生。电路安装顺序如下：

（1）根据表 4—1—1 准备好元器件，并用万用表进行初步筛选。

（2）安装电阻，采用卧式安装方式。

（3）安装三极管，采用立式安装方式，安装时要注意正确区分引脚。

（4）安装电容器，采用立式安装方式，安装电解电容器时要注意区分正负极性。

（5）安装电源线和输出线。

三、RC 振荡电路的测量

本电路的供电电压范围较宽，直流 4~12 V 都可以使电路正常工作。调试时，用示波器观察输出波形，调整可变电阻器使输出信号频率为 2 kHz，测量三极管的各引脚电位，并填入表 4—1—2 中。将示波器测量出的波形绘制在图 4—1—8 的坐标系中。

表 4—1—2　　　　　　　　　　三极管各引脚电位的测量记录表

被测对象	测量结果		
	U_B	U_C	U_E
VT1			
VT2			

调整可变电阻器，用示波器测量电路输出信号的最高频率为_____，此时输出信号的幅度为_____；输出信号的最低频率为_____，此时输出信号的幅度为_____。

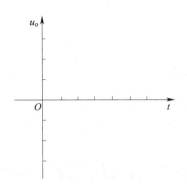

图 4—1—8　RC 振荡电路输出波形

 职业能力培养

根据所学知识，借助相关资料或互联网设计一讯响器，要求输出频率为 1 kHz，输出信号幅度大于 5 V，画出设计图并写出工作原理，然后以小组为单位进行展示和评价。

 任务评价

按表 4—1—3 所列项目进行任务评价，并将结果填入表中。

表 4—1—3　　　　　　　　　　　　　任务评价表

评价项目	评价标准	配分（分）	自我评价	小组评价	教师评价
职业素养	安全意识、责任意识、服从意识强	5			
	积极参加教学活动，按时完成各项学习任务	5			
	团队合作意识强，善于与人交流和沟通	5			
	自觉遵守劳动纪律，尊敬师长，团结同学	5			
	爱护公物，节约材料，工作环境整洁	5			
专业能力	能正确分析电路工作原理	15			
	装配电路质量符合要求	20			
	能正确测量三极管各引脚电位	20			
	能正确完成波形测量并绘制波形图	20			
合计		100			
总评	自我评价 × 20% + 小组评价 × 20% + 教师评价 × 60% =	综合等级	教师（签名）：		

注：学习任务考核采用自我评价、小组评价和教师评价三种方式，考核分为 A（90～100）、B（80～89）、C（70～79）、D（60～69）、E（0～59）五个等级。

149

思考与练习

1. 信号产生电路的主要作用是什么？
2. 信号产生电路由哪几个部分组成？
3. 信号产生电路实现振荡的条件是什么？

任务 2 石英晶体振荡电路的安装与调试

学习目标

1. 掌握石英晶体的特性。
2. 掌握石英晶体振荡电路的构成和工作原理。
3. 能正确安装、调试石英晶体振荡电路。

任务引入

振荡电路输出信号频率的稳定性是一个很重要的指标，但由于环境温度变化、电源电压波动或元器件老化等因素的影响，常会使振荡器的频率稳定度下降。为了获得高稳定度的频率，则需要使用石英晶体振荡器，其稳定度可以达到 $10^{-11} \sim 10^{-10}$ 数量级。石英晶体振荡器常用于单片机、计算机中产生稳定的时钟脉冲。本次任务的内容是完成一个由石英晶体组成的振荡电路的安装与调试。

相关知识

一、石英晶体振荡电路的组成及原理

1. 石英晶体的压电效应

天然石英是六棱形结晶体，其化学成分是 SiO_2，具有稳定的物理和化学性能。经正确切割后的石英晶片，当在其两侧施加压力时，会在晶片的两侧平面上分别出现数量相等的正负电荷。如果给石英晶片的两侧加上直流电压，石英晶片的两侧平面将产生膨胀或压缩，这就是石英晶体的压电效应。

2. 石英晶体的压电谐振

如果在石英晶片两侧加上交流电压，晶片就会产生微小的机械振动。当外加交流电压的频率为某一特定值时，其振动的幅度会突然增大很多，这种现象称为石英晶体的压电谐振，这个特定的频率值称为石英晶体的固有谐振频率。

3. 石英晶体振荡器

在石英晶片的两侧喷上金属薄层并引出两个电极，再用金属外壳封装，就组成了石英晶体振荡器，简称晶振，其外形如图4—2—1所示。石英晶体振荡器的电路符号和等效电路如图4—2—2所示。石英晶体振荡器的固有谐振频率，与石英晶体振荡器中晶体的几何尺寸有关。

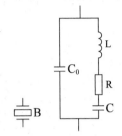

图4—2—1 石英晶体振荡器   图4—2—2 石英晶体振荡器电路符号
和等效电路

石英晶体振荡器有两个谐振频率，一个是RLC串联谐振频率f_s，另一个是和C_0的并联谐振频率f_p。当$f < f_s$或$f > f_p$时，石英晶体振荡器呈容性；当$f = f_s$时，电路处于串联谐振状态；当$f_s < f < f_p$时，石英晶体振荡器呈感性；当$f = f_p$时，电路处于并联谐振状态。

二、石英晶体振荡电路

用石英晶体振荡器组成的振荡电路，可使振荡电路近似工作于串联谐振频率处，也可使振荡电路近似工作于并联谐振频率处，所以石英晶体振荡电路可分为串联型石英晶体振荡电路和并联型石英晶体振荡电路两类。

1. 并联型石英晶体振荡电路

并联型石英晶体振荡电路如图4—2—3所示。振荡频率f介于f_s和f_p之间，石英晶体振荡器呈感性，此时它相当于一个电感，电路相当于电容三点式LC振荡电路，电路有非常稳定的频率特性。

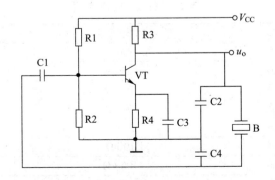

图4—2—3 并联型石英晶体振荡电路

2. 串联型石英晶体振荡电路

串联型石英晶体振荡电路是利用石英晶体工作于 f_s 时阻抗最小的特点组成的振荡电路。串联型石英晶体振荡电路如图 4—2—4 所示，VT1、VT2 组成两级放大器，晶体振荡器和 RP 组成正反馈网络，电路的谐振频率为石英晶体振荡器的串联谐振频率 f_s，调整 RP 可以使电路满足振幅平衡条件。

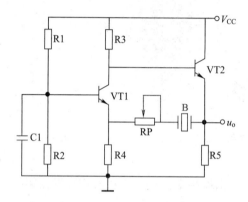

图 4—2—4　串联型石英晶体振荡电路

一、器材准备

1. 工具与仪表

$0 \sim 30$ V 直流稳压电源、LDS21010 型手提式数字示波器各 1 台，DT – 9205A 型数字式万用表 1 块，常用无线电装接工具 1 套。

2. 元器件及材料

实施本任务所需的电子元器件及材料见表 4—2—1。

表 4—2—1　　　　　　　　　　电子元器件及材料明细表

序号	名称	型号规格	数量	单位
1	三极管	S9014	1	个
2	电阻器	6.8 kΩ	1	个
3	电阻器	10 kΩ	1	个
4	电阻器	2 kΩ	1	个
5	电阻器	510 Ω	1	个
6	电阻器	10 kΩ	1	个
7	电位器	100 kΩ	1	个
8	电容器	0.22 μF	1	个

续表

序号	名称	型号规格	数量	单位
9	电容器	1 000 pF	1	个
10	电容器	100 pF	3	个
11	电容器	0.1 μF	2	个
12	电感器	47 μH	1	个
13	石英晶体振荡器	10 MHz	1	个
14	电路板	80 mm×100 mm 万能板	1	块
15	焊锡丝	φ0.8 mm	若干	
16	松香		若干	

二、石英晶体振荡电路安装

1. 石英晶体振荡电路原理图

石英晶体振荡电路原理图如图 4—2—5 所示，B、C3、C4、C5 组成振荡回路，R1、RP、R2、R3、R4 为 VT 的偏置电阻，调整 RP 的阻值可以调整 VT 的偏置电流。

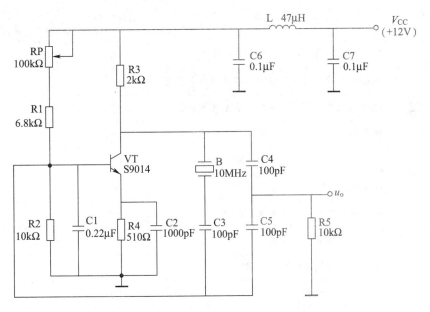

图 4—2—5　石英晶体振荡电路原理图

2. 石英晶体振荡器好坏的判断

用万用表 R×10 kΩ 挡测量石英晶体振荡器两引脚之间的电阻，完好的石英晶体振荡器的电阻为无穷大，如果阻值很小，则表示石英晶体振荡器漏电。

3．石英晶体振荡电路的安装

（1）根据表4—2—1准备好元器件，并用万用表进行初步筛选。

（2）根据图4—2—5所示石英晶体振荡电路绘制安装接线图。

（3）在万能电路板上按照电子电路安装工艺要求安装电路。

三、石英晶体振荡电路的测量

1．调整电位器RP，测量三极管的最小集电极电流为_____ mA，最大集电极电流为_____ mA。

2．当三极管集电极电流变化时，电路输出信号的频率最高为_____ Hz，周期为_____；最低为_____ Hz，周期为_____。输出电压的幅度最小为_____ V，最大为_____ V。

任务评价

按表4—2—2所列项目进行任务评价，并将结果填入表中。

表4—2—2　　　　　　　　　　　　任务评价表

评价项目	评价标准	配分（分）	自我评价	小组评价	教师评价
职业素养	安全意识、责任意识、服从意识强	5			
	积极参加教学活动，按时完成各项学习任务	5			
	团队合作意识强，善于与人交流和沟通	5			
	自觉遵守劳动纪律，尊敬师长，团结同学	5			
	爱护公物，节约材料，工作环境整洁	5			
专业能力	能正确绘制安装接线图	15			
	能正确判断石英晶体振荡器的好坏	15			
	装配电路质量符合要求	25			
	能正确完成实验数据的测量	20			
合计		100			
总评	自我评价×20% + 小组评价×20% + 教师评价×60% =	综合等级	教师（签名）：		

注：学习任务考核采用自我评价、小组评价和教师评价三种方式，考核分为A（90～100）、B（80～89）、C（70～79）、D（60～69）、E（0～59）五个等级。

思考与练习

1. 什么是石英晶体的压电效应？
2. 石英晶体在并联型和串联型振荡电路中的作用是什么？

课题五　低频功率放大器

　　用于向负载提供足够信号低频功率的放大电路，称为低频功率放大器，简称低频功放。它既有电压放大作用，同时又有电流放大作用。音频功率放大器是 KTV、练歌房的重点设备，通常由前置放大器、音调调整电路和功率放大器组成，前置放大器主要进行电压放大，音调调整电路用于高低音控制，而功率放大器主要是将电源的能量转变成交流能量，进行功率放大，推动音箱发出声音。没有前置放大器的功率放大器，称为纯后级功率放大器。图5—0—1所示为音频功率放大器实物图。

a)　　　　　　　　　　　　　　　　b)

图5—0—1　音频功率放大器实物图

a）带前置放大器的音频功率放大器　　b）纯后级功率放大器

任务1　分立元件功率放大器的安装与调试

学习目标

1. 掌握功率放大器的分类和不同类型功率放大器的特点。
2. 掌握 OTL 电路的组成、工作原理和特点。
3. 掌握 OCL 电路的组成、工作原理和特点。
4. 能正确安装、调试分立元件功率放大器。
5. 能将功率放大器和音箱、音源正确连接起来。

任务引入

　　功率放大器的类型很多，通常所讲的功率放大器是指音频功率放大器，主要用于放大 20 Hz ~ 20 kHz 的音频信号。早期的音频功率放大器多为电子管功率放大器，现在应用较多的则是三极管功率放大器和集成电路功率放大器。由三极管分立元件组成的功率放大器在大功率方面优于集成电路功率放大器，故在专业音响中，大功率放大器多采用分立元件功率放大器。本次任务的内容是完成 OTL 功率放大电路的安装、调试，熟悉功率放大电路的种类、特点和应用。

相关知识

一、功率放大器的特点和分类

1. 功率放大器的特点

由于功率放大器工作在大信号状态，所以它和低频电压放大器相比，有其自身的特点：

（1）功率放大器中的输出功放管几乎工作于极限状态

为了使功率放大器获得足够的功率，必须要求输出功放管的集电极电压和集电极电流有尽量大的幅度，因此功放管工作于极限工作状态，如图 5—1—1 所示。

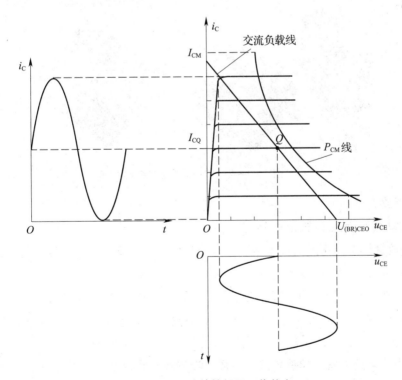

图 5—1—1 功放管极限工作状态

（2）功率放大器要有足够大的输出功率

推动扬声器、继电器线圈等设备需要足够的电压和电流，即功率放大器必须有较大的输出功率。

（3）功率放大器要有足够的效率

功率放大器工作于高电压和大电流状态，要将同样大小的直流能量转换成尽可能大的交流能量，就必须要求功率放大器的转换效率要高。功率放大器转换效率的表达式为：

$$\eta = \frac{P_o}{P_E} \times 100\%$$

式中，P_o 为功率放大器的输出功率，P_E 为直流电源提供的总功率。

（4）功率放大器的非线性失真要小

由于功放管工作于极限状态，输出电压和电流的变化都很大，所以，功放管容易接近饱和区和截止区，有可能产生非线性失真。

（5）功放管的散热要好

在功率放大器中，有相当大的功率消耗在功放管上，使其温度升高，因此在功放管上一般都要安装专用散热器。常用散热器的外形如图 5—1—2 所示，散热器多为金属铝或铜制作而成。

图 5—1—2　常用散热器的外形

2. 功率放大器的分类

（1）按功放管静态工作点的设置分类

根据功放管静态工作点的位置不同，可分为甲类、乙类、甲乙类等，它们的集电极电流波形如图 5—1—3 所示。

1）甲类功率放大器。功放管静态工作点设置在放大区的中间区域，在输入信号的整个周期内功放管都处于放大状态，输出信号无失真。但静态电流大，效率低，其理想的最大效率仅为 50%。

2）乙类功率放大器。功放管静态工作点设置在截止区边缘，功放管仅在输入信号的半个周期内导通，输出为半波信号。如果采用两只功放管组合起来交替工作，轮流放大信号的正、负半周（称为推挽），则可以让它们的输出信号在负载上合成一个完整的全波信号。乙类功率放大器几乎没有静态电流，功耗极小，所以效率高，其理想的最大效率可达 78.5%。

3）甲乙类功率放大器。功放管静态工作点设置在略高于乙类工作点处，功放管的导通时间略大于半个周期。功放管静态电流稍大于零，仍有较高的效率，是实用的功率放大器经常采用的方式。

（2）按功率放大器的输出耦合方式分类

1）变压器耦合功率放大器。

2）无输出变压器互补对称功率放大器（OTL）。

3）无输出电容互补对称功率放大器（OCL）。

4）桥式功率放大器（BTL）。

早期的功率放大器常采用变压器耦合方式，以利用其阻抗变换特性使负载获得最大功率，但由于变压器体积大、笨重、频率特性差，且不便于集成化，目前已很少应用。OTL、OCL 和 BTL 电路都不用输出变压器，目前都有集成电路，并广泛应用于电子产品中。

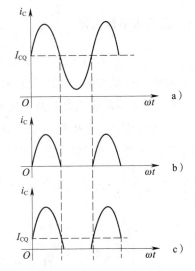

图5—1—3 各类功率放大器中功放
管的集电极电流波形
a）甲类 b）乙类 c）甲乙类

二、甲类功率放大器

甲类功率放大器又称 A 类功率放大器，如图 5—1—4 所示为变压器耦合单管甲类功率放大器电路图。图中，VT 为功放管，起放大作用，它在交流信号的整个周期内都有电流流过；T 是输出变压器，起阻抗变换作用；R1、R2、R3 为偏置电阻；C1 为耦合电容；C2 为交流旁路电容。

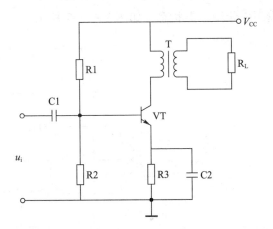

图5—1—4 变压器耦合单管甲类功率放大器

理想状态下，甲类功率放大器的交流输出功率 $P_{om} \approx \frac{1}{2}V_{CC}I_{CQ}$，效率为 50%。在实际状态下，甲类功率放大器的效率往往只有 30% 左右。

三、乙类功率放大器

乙类功率放大器也称 B 类功率放大器，有变压器耦合乙类推挽式功率放大器、OTL 互补对称功率放大器、OCL 互补对称功率放大器等。

1. 变压器耦合乙类推挽式功率放大器

变压器耦合乙类推挽式功率放大器如图 5—1—5 所示。图中，T1 为输入变压器，T2 为输出变压器，三极管 VT1、VT2 交替工作，各工作半个周期。在理想状态下，电路输出功率为 $P_{om} \approx \dfrac{V_{CC}^2}{2R_L}$，最大效率为 78.5%。

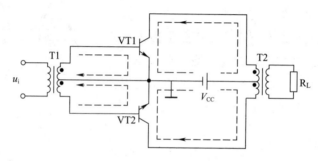

图 5—1—5　变压器耦合乙类推挽式功率放大器

由于三极管死区电压的存在，在信号正负半周交换时，两个三极管都不能工作，输出信号将产生失真，这种失真称为"交越失真"，如图 5—1—6 所示。

为了消除"交越失真"，必须给每个三极管设置合适的静态工作点，使三极管处于微导通状态，此时三极管工作于甲乙类状态，如图 5—1—7 所示。

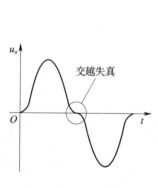

图 5—1—6　交越失真

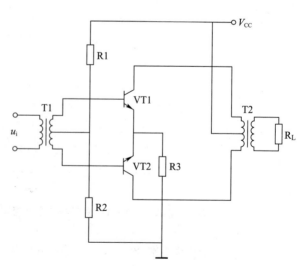

图 5—1—7　甲乙类功率放大器

2. OTL 互补对称功率放大器

变压器耦合乙类推挽式功率放大器中，变压器的体积大、制作复杂，电路的频率特性差。为了克服这些缺点，人们设想利用一个大电容代替电路中的变压器，该电路称为无输出变压器互补对称功率放大器，简称 OTL 互补对称功率放大器。OTL 互补对称功率放大器的基本电路如图 5—1—8 所示。VT1 和 VT2 为对管，一个是 NPN 型，一个是 PNP 型，它们除了管型不同外，参数需尽量一致，以减小由于三极管特性差异而带来的输出信号失真。

在音响电路中往往采用专门设计的对管，如 2SD1047 和 2SB817、2SA1215 和 2SC2921、2SA1216 和 2SC2922、2SA1301 和 2SC3280、2N2955 和 2N3055 等都是常用的音响功放对管。

OTL 互补对称功率放大器的工作原理是：当信号为正半周时，三极管 VT2 截止，VT1 正偏，电流从电源 V_{CC} 端流出，经 VT1、C、R_L 构成回路，流过负载电阻 R_L 的电流方向为自上而下，此电流同时给电容器 C 充电。当信号为负半周时，VT1 截止，VT2 正偏，电容器上的电压通过 VT2、负载电阻 R_L 放电，流过 R_L 的电流方向为自下而上，如图 5—1—8 所示。在信号的整个周期中，VT1、VT2 两个三极管交替工作。

OTL 互补对称功率放大器的最大输出功率 $P_{om} \approx \dfrac{V_{CC}^2}{8R_L}$，最大效率为 78.5%。

3. OCL 互补对称功率放大器

OTL 互补对称功率放大器中，为了保持输出电容两端电压的稳定，必须采用大容量电解电容器，而电容器的存在将对电路的频率特性产生影响。为了改善电路的频率特性，人们又设计出没有输出电容的互补对称功率放大器，简称 OCL 互补对称功率放大器。OCL 互补对称功率放大器采用正负电源供电，在信号的正半周，VT1 工作，由正电源供电；在信号的负半周，VT2 工作，由负电源供电。OCL 互补对称功率放大器及流过 R_L 的电流方向如图 5—1—9 所示。

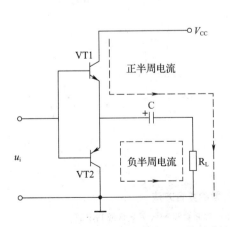

图 5—1—8 OTL 互补对称功率放大器的基本电路

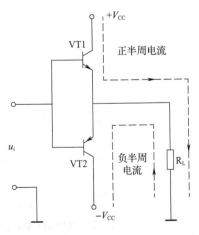

图 5—1—9 OCL 互补对称功率放大器

OCL 互补对称功率放大器的最大输出功率 $P_{om} \approx \dfrac{V_{CC}^2}{2R_L}$，最大效率为 78.5%。

4. BTL 功率放大电路

BTL 功率放大电路如图 5—1—10 所示，它可以采用正负双电源供电，也可以采用单电源供电。

BTL 功率放大电路的输入信号为幅度相同、方向相反的两个信号，在信号的正半周，VT1、VT4 工作；在信号的负半周，VT2、VT3 工作，电流方向如图 5—1—10 所示。BTL 功率放大电路的最大输出功率 $P_{om} \approx \dfrac{2V_{CC}^2}{R_L}$，最大效率为 78.5%。

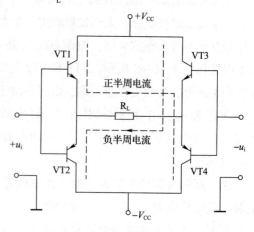

图 5—1—10　BTL 功率放大电路

5. 复合管

在功率放大器中，两个末级输出功放管的管型不同，但要求它们的参数相同，这有时是比较困难的。为了解决此问题，可以采用一个小功率三极管和一个大功率三极管复合成一个大功率三极管的方法。复合管的放大倍数为两个三极管的放大倍数之积，复合管不仅可以采用相同类型的三极管进行复合，还可以采用不同类型的三极管进行复合。复合管的复合方法如图 5—1—11 所示。

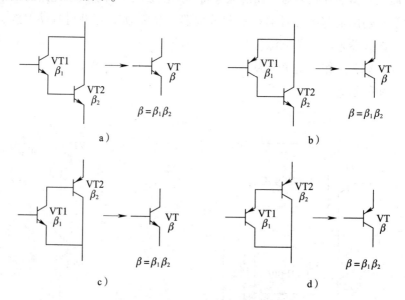

图 5—1—11　复合管的复合方法

a）NPN 管和 NPN 管复合成 NPN 管　b）PNP 管和 NPN 管复合成 PNP 管

c）PNP 管和 NPN 管复合成 NPN 管　d）PNP 管和 PNP 管复合成 PNP 管

任务实施

一、器材准备

1. 工具与仪表

0 ~ 30 V 直流稳压电源、LDS21010 型手提式数字示波器、YB32020 型任意波形发生器各 1 台，DT - 9205A 型数字式万用表 1 块，常用无线电装接工具 1 套。

2. 元器件及材料

实施本任务所需的电子元器件及材料见表5—1—1。

表 5—1—1　　　　　　　　　　电子元器件及材料明细表

序号	名称	型号规格	数量	单位
1	三极管	S9013	2	个
2	三极管	S9012	1	个
3	二极管	1N4148	1	个
4	电阻器	4. 7 kΩ	1	个
5	电阻器	100 Ω	2	个
6	电阻器	470 Ω	1	个
7	电位器	2 kΩ	1	个
8	可变电阻器	20 kΩ	1	个
9	可变电阻器	1 kΩ	1	个
10	电容器	4. 7 μF/16 V	1	个
11	电容器	100 μF/16 V	4	个
12	电容器	100 pF	1	个
13	扬声器	8 Ω, 0.5 W	1	个
14	电阻器	10 Ω, 0.5 W	1	个
15	电路板	定制或80 mm×100 mm 万能板	1	块
16	焊锡丝	φ0.8 mm	若干	
17	松香		若干	

二、OTL 功率放大器安装

1. OTL 功率放大器原理图

OTL 功率放大器原理图如图 5—1—12 所示。图中，VT1 为激励三极管，主要是对信号的电压幅度进行放大，给后级电路足够的推动信号；VT2、VT3 组成互补对称功率放大器；R3、VD、RP3 组成 VT2、VT3 的偏置电路，消除电路的交越失真。

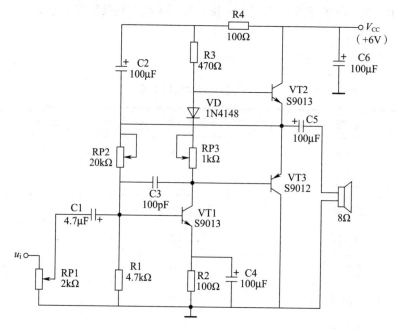

图 5—1—12　OTL 功率放大器原理图

在 OTL 功率放大器中，当 VT1 集电极信号为正半周时，VT2 导通，工作于放大状态，若输入 VT2 基极的信号比较大，由于 VT2 发射极电压跟随基极电压，会造成 VT2 集电极与发射极之间的直流工作电压减小，容易使 VT2 进入饱和区，出现顶部失真，解决此问题的电路称为"自举电路"。图 5—1—12 中，C2、R3、R4 组成"自举电路"，C2 为自举电容，R3 将自举电压引入到 VT2 基极，R4 为隔离电阻。静态时，直流工作电压 V_{CC} 经 R4 对 C2 充电，使 C2 上充有上正下负的电压 U_{C2}，由于 C2 容量很大，且放电回路时间常数较大，工作期间 C2 上的电压 U_{C2} 基本保持不变。当正半周大信号出现时，VT2 发射极电位升高，导致 C2 正极电位也随之升高，此升高电位经 R3 加到 VT2 基极，使 VT2 基极上的信号电压更高，有更大的基极信号电流激励 VT2，可解决 VT2 集电极与发射极之间直流工作电压下降而造成顶部失真的问题。

2. OTL 功率放大器印制电路板

OTL 功率放大器的印制电路板如图 5—1—13 所示。

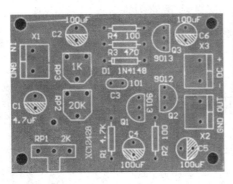

图5—1—13 OTL功率放大器印制电路板

在功率放大器中接地线是较难处理的部分，布线不当，将会产生较大的交流声，通常采用"一点接地"技术，尽量让各部分的信号走各自独立的地线。在使用万能电路板搭接电路时，大信号部分的电流不要通过小信号部分的地线，以防止出现严重的交流声干扰。

3. 认知OTL功率放大器组成元件

（1）扬声器

扬声器又称"喇叭"，是电声换能器件，外形如图5—1—14所示。扬声器的主要性能指标有：额定功率、额定阻抗、频率响应、灵敏度、指向性以及失真度等。其中，最基本的指标是额定功率、额定阻抗和频率响应。

图5—1—14 扬声器
a）高音扬声器　b）中低音扬声器　c）低音扬声器

1）额定功率。扬声器的标称功率称为额定功率，指扬声器在额定不失真范围内允许的最大输出功率。

2）额定阻抗。扬声器的额定阻抗是指音频为400 Hz时，从扬声器输入端测得的阻抗。一般动圈式扬声器的阻抗有4 Ω、8 Ω、16 Ω、32 Ω等几种。

3）频率响应。扬声器产生的声压和所加音频信号大小以及信号的频率有关。不同扬声器的频率响应特性不同，根据频率响应特性不同，扬声器可分为高音扬声器（5 kHz ~ 10 kHz）、中音扬声器（150 Hz ~ 5 kHz）、低音扬声器（20 Hz ~ 150 Hz）等。

（2）屏蔽线

信号在传输中容易受到外界信号的干扰，特别是幅度微弱的信号，更容易被干扰。为了防止干扰，信号传输时往往要使用屏蔽线。屏蔽线是使用金属网状编织层把信号线包裹起来的传输线，它的编织层一般为纯铜或者镀锡铜材料，如图5—1—15所示。

图5—1—15　屏蔽线

4．OTL功率放大器安装与调试

（1）根据表5—1—1准备好元器件，并用万用表进行初步筛选。

（2）按照电子电路安装工艺要求安装OTL功率放大器，电阻采用卧式安装方式，电容器、三极管等采用立式安装方式。

（3）电路安装好后进行反复检查，核对电阻、电容器、三极管等安装是否正确。

（4）调试OTL功率放大器，主要是调整电路的中心电压和各三极管的静态电流。

调试前，将RP2、RP3的动臂旋转到中间位置，接通电源，调整RP2使C5正极电位为电源电压的一半，调整RP3使VT2、VT3的集电极静态电流为5～8 mA（由于VT1的集电极静态电流很小，也可以将电路的总电流近似视为VT2、VT3的集电极静态电流），反复调整RP2、RP3使两个参数都达到要求。

如果反复调整电位器，电流和电压的值仍不能达到标准值，需检查电路安装是否正确，检查元器件有无损坏。

三、OTL功率放大器的测量

1．测量三极管引脚电位

静态时，测量各三极管的引脚电位，并将测量结果填入表5—1—2中。

表5—1—2　　　　　　　　　　三极管各引脚电位测量记录表

三极管	U_B	U_C	U_E
VT1			
VT2			
VT3			

2．计算最大电压放大倍数

用10 Ω、0.5 W电阻代替扬声器，在功率放大器输入端输入500 mV、1 kHz正弦波信号，用示波器测量输出波形，调整音量电位器RP1，观察功率放大器输出波形有无失真，并计算它的最大电压放大倍数为_____。

3．功放电路和外围设备的连接

目前使用的信号源种类很多，如DVD、MP4、计算机、手机等都可以输出音频信号，它们的插头各不相同，常用的插头如图5—1—16所示。将信号源的输出端通过屏蔽线和功放的输入端相连，然后将功放的输出端和音箱相连，电路即安装完成。

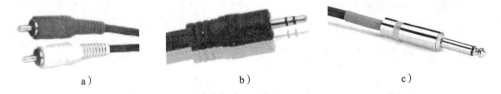

图5—1—16 常用插头

a）莲花插头 b）3.5 mm插头 c）6.5 mm插头

任务评价

按表5—1—3所列项目进行任务评价，并将结果填入表中。

表5—1—3 任务评价表

评价项目	评价标准	配分（分）	自我评价	小组评价	教师评价
职业素养	安全意识、责任意识、服从意识强	5			
	积极参加教学活动，按时完成各项学习任务	5			
	团队合作意识强，善于与人交流和沟通	5			
	自觉遵守劳动纪律，尊敬师长，团结同学	5			
	爱护公物，节约材料，工作环境整洁	5			
专业能力	能正确分析电路工作原理	10			
	装配电路质量符合要求	15			
	能正确调试电路	20			
	能正确使用仪器仪表测量实验数据	20			
	能正确连接音源与音箱	10			
合计		100			
总评	自我评价×20% + 小组评价×20% + 教师评价×60% =	综合等级	教师（签名）：		

注：学习任务考核采用自我评价、小组评价和教师评价三种方式，考核分为A（90~100）、B（80~89）、C（70~79）、D（60~69）、E（0~59）五个等级。

思考与练习

1. 功率放大器有哪些类型？

2. 功率放大器的特点有哪些？

3. 什么是交越失真？它产生的原因是什么？如何克服交越失真？

任务2　集成功率放大器的安装与调试

学习目标

1. 了解常用的集成功率放大器。

2. 了解集成功率放大器的内部结构。

3. 掌握几种集成功率放大器的典型应用电路。

4. 能正确安装与调试 TDA1521 集成功率放大器。

任务引入

集成功率放大器具有体积小、质量轻、安装调试方便、外围元件少等优点，在各类电子产品中得到广泛应用，如日常使用的电视机、收音机、计算机的有源音箱等，往往采用集成功率放大器。根据集成功率放大器输出功率的大小，可把集成功率放大器分成小功率、中功率和大功率三种。本次任务将安装一款以 TDA1521 为核心的经典功放电路，用来推动书架式音箱，或制作成有源音箱。

相关知识

一、LM386M 集成功率放大器

LM386M 集成功率放大器是美国国家半导体公司生产的音频功率放大器，主要应用于低电压消费类产品，电压增益内置为 20 倍。它的静态功耗仅为 24 mW，特别适用于电池供电的场合。LM386M 集成功率放大器的封装形式有双列直插式和贴片式两种，如图 5—2—1 所示。其静态消耗电流约为 4 mA，工作电压范围为 4~12 V，输出功率为 730 mW。

a)　　　　　　b)

图 5—2—1　LM386M 集成功率放大器实物图

a) 双列直插式　b) 贴片式

一般集成功率放大器内部有输入级、中间电压放大级、功率输出级和偏置电路四个主要部分。LM386M 集成功率放大器的内部电路如图 5—2—2 所示。

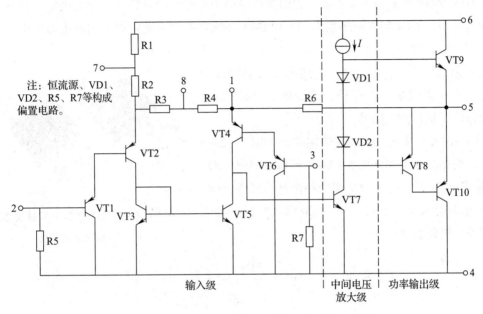

图 5—2—2　LM386M 集成功率放大器的内部电路

每个集成功率放大器都有厂家推荐的应用电路，称为典型应用电路。LM386M 集成功率放大器的典型应用电路如图 5—2—3 所示。图中，C1 为输出耦合电容；C2、R 组成相位补偿网络，主要是对扬声器中的电感进行补偿，使负载更接近阻性；RP1 为音量电位器；RP2、C3 组成串联网络，用于调整电路的增益，RP2 越小，增益越大。

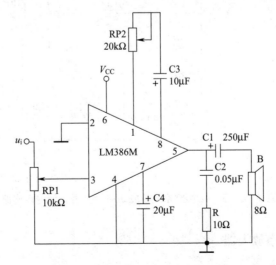

图 5—2—3　LM386M 集成功率放大器典型应用电路

二、TDA2030A 集成功率放大器

TDA2030A 集成功率放大器是德国德律风根公司生产的音频功率放大电路，它具有开机冲击极小、外围元件少的特点。TDA2030A 集成功率放大器可以采用单电源供电，也可以采用双电源供电，工作电压为 $\pm$（6～22）V，输出功率为 18 W（$R_L = 4\ \Omega$）。电路内含有多种保护电路，如短路保护、热保护、地线偶然开路保护、电源极性反接保护电路等。

TDA2030A 集成功率放大器实物图如图 5—2—4 所示，典型应用电路如图 5—2—5 所示。图中，R2、R3 构成反馈网络；R4、C7 组成相位补偿网络；C4、C5 为电源滤波电容；C3、C6 为退耦电容，主要为高频信号提供通路。

图 5—2—4　TDA2030A 集成功率放大器实物图

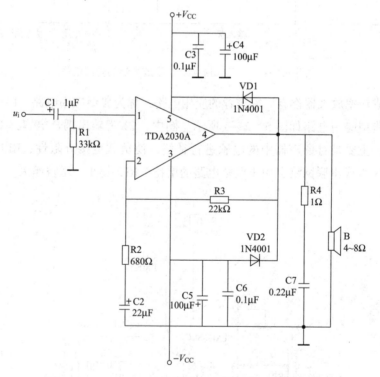

图 5—2—5　TDA2030A 集成功率放大器典型应用电路

三、LM1875 集成功率放大器

LM1875 集成功率放大器是美国国家半导体公司生产的集成功率放大器，它是一款性

能优异的单片集成功率放大器件，具有低失真、工作稳定可靠、外围元件少、电流负载能力大等特点。LM1875 集成功率放大器在 ± 30 V 供电、8 Ω 负载时，输出功率可达 30 W。LM1875 集成功率放大器的实物图如图 5—2—6 所示，其典型应用电路如图 5—2—7 所示。

职业能力培养

查阅相关手册或通过互联网检索，获取 LM1875 集成功率放大器的主要技术参数，并绘制图 5—2—7 之外的其他典型应用电路图。

图 5—2—6　LM1875 集成功率放大器的实物图

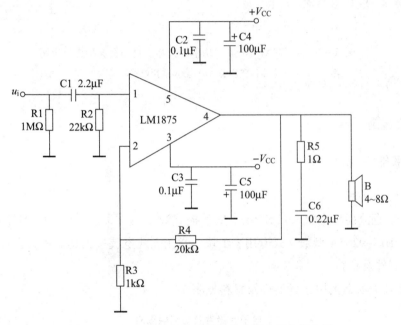

图 5—2—7　LM1875 集成功率放大器典型应用电路

四、TDA1521 集成功率放大器

TDA1521 集成功率放大器是荷兰飞利浦公司设计的集成功率放大器。在电源为 ± 16 V、负载阻抗为 8 Ω 时，输出功率为 2×15 W，此时的失真仅为 0.5%。TDA1521 集成功率放大器的输入阻抗为 20 kΩ，输入灵敏度为 600 mV，信噪比达到 85 dB，其电路设有等待、静噪状态，具有过热保护电路。

TDA1521 集成功率放大器的实物图及典型应用电路如图 5—2—8 所示，其外围元件极少，是外围电路最简单的集成功率放大器之一。

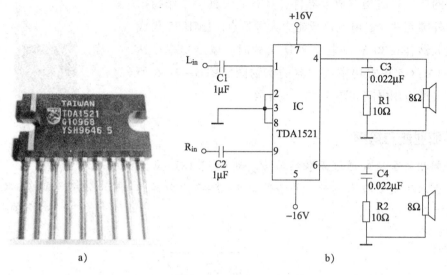

图 5—2—8　TDA1521 集成功率放大器实物图及典型应用电路

a) 实物图　b) 典型应用电路

 **任务实施**

一、器材准备

1. 工具与仪表

0～30 V 直流稳压电源、LDS21010 型手提式数字示波器、YB32020 型任意波形发生器各 1 台，DT–9205A 型数字式万用表 1 块，常用无线电装接工具 1 套。

2. 元器件及材料

实施本任务所需的电子元器件及材料见表 5—2—1。

表 5—2—1　　　　　　　　　电子元器件及材料明细表

序号	名称	型号规格	数量	单位
1	集成电路	NE5532	1	个
2	集成电路	TDA1521	1	个
3	三端稳压器	LM7812	1	个
4	三端稳压器	LM7912	1	个
5	电阻器	22 kΩ	2	个
6	电阻器	10 kΩ	2	个
7	电阻器	12 kΩ	2	个

序号	名称	型号规格	数量	单位
8	电阻器	10 Ω	2	个
9	电位器	双联 50 kΩ	1	个
10	电解电容器	47 μF/16 V	2	个
11	电容器	1 μF	2	个
12	电容器	0.22 μF	2	个
13	电容器	0.022 μF	2	个
14	电解电容器	4 700 μF/25 V	2	个
15	电解电容器	100 μF/16 V	2	个
16	电容器	0.1 μF	2	个
17	书架音箱	8 Ω, 20 W	1	对
18	接线座	KF301 – 3P	2	个
19	接线座	KF301 – 2P	2	个
20	电源变压器	220 V 交流输入，双 12 V 直流输出，25 W	1	个
21	整流桥	KBL406	1	个
22	集成电路插座	8P	1	个
23	散热器	配安装螺钉 $\phi3 \times 10$ mm, 2 套	1	个
24	电路板	定制或 100 mm × 150 mm 万能板	1	块
25	焊锡丝	$\phi0.8$ mm	若干	
26	松香		若干	

二、集成功率放大器的安装与调试

1. 集成功率放大器原理图

如图 5—2—9 所示，集成功率放大器由 NE5532 和 TDA1521 两块集成电路和外围电路组成。

电源部分电路原理图如图 5—2—10 所示。由电源输入的双 12 V 电压，经整流滤波电路输出 ±16 V 电压供 TDA1521 使用。由 LM7812 和 LM7912 组成的稳压电路产生 ±12 V 电压，供前级 NE5532 使用（有关 LM7812 和 LM7912 的相关知识将在课题六任务 2 中介绍）。

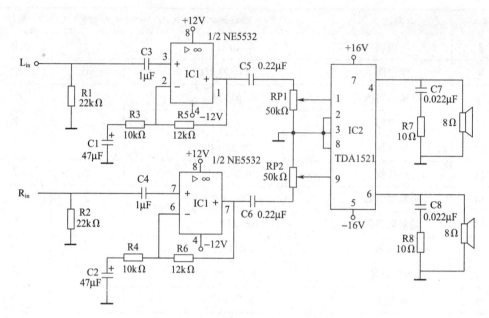

图5—2—9　集成功率放大器原理图

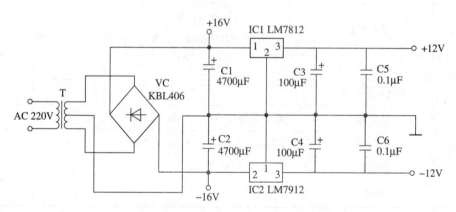

图5—2—10　电源部分电路原理图

2. 集成功率放大器印制电路板

电路采用双面印制电路板，如图5—2—11所示，有元件标记的一面为正面，安装时切不可装错。

3. 认知单相整流桥

单相整流桥有全桥和半桥两种。全桥内部由四个二极管组成，有四个引出脚。全桥的实物图和图形符号如图5—2—12所示，文字符号用"VC"表示。半桥内部由两个二极管组成，有三个引出脚，分共阴型半桥、共阳型半桥两种。半桥的实物图和图形符号如图5—2—13所示。

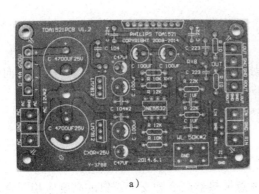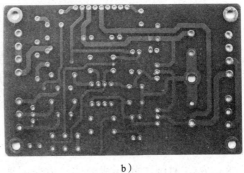

图5—2—11 集成功率放大器印制电路板

a) 印制电路板正面 b) 印制电路板背面

图5—2—12 全桥实物图和图形符号

a) 实物图 b) 图形符号

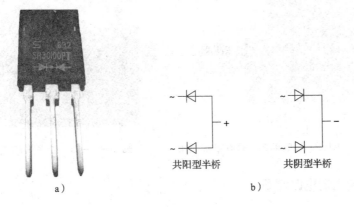

图5—2—13 半桥实物图和图形符号

a) 实物图 b) 图形符号

4. 集成功率放大器安装与调试

电路的安装方法和一般电子电路安装方法相同,电阻、二极管等采用卧式安装方式,电容器等采用立式安装方式,具体安装步骤如下:

(1) 根据表5—2—1准备好元器件,并用万用表进行初步筛选。

（2）将 TDA1521 集成电路安装在散热器上，安装时要在散热器和集成电路之间加绝缘垫，如图 5—2—14 所示。

（3）焊接电阻和 NE5532 集成电路插座，焊接时要注意 NE5532 集成电路插座的缺口方向。

（4）安装接线座，要紧贴电路板并注意方向。

（5）安装除 4 700 μF 大电容外的其他电容器、三端稳压器、整流桥。

（6）安装 4 700 μF 大电容和电位器。

（7）安装电路板支架螺钉。

（8）安装 TDA1521 集成电路，安装时要注意散热器高度和支架螺钉的高度应相配合。

（9）插上 NE5532 集成电路，安装时要注意集成电路的方向。

（10）连接电源变压器、音箱（接音箱时要注意正负极性，否则会导致立体声定位混乱）、信号源。

（11）电路安装好后，仔细检测元器件安装有无错误，焊接质量是否良好，然后将音量电位器关到最小，打开电源开关，试听放音效果。由于电路中无任何需要调整的元件，所以只要安装正确就能正常工作。

安装好的集成功率放大器如图 5—2—15 所示。

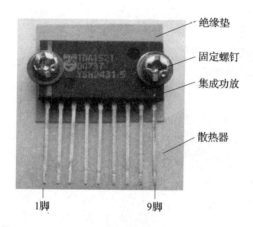

图 5—2—14 TDA1521 集成电路安装在散热器上

图 5—2—15 安装好的集成功率放大器

三、集成功率放大器电路测量

1. 测量静态时集成电路各引脚的电位，并填入表 5—2—2 中。

表 5—2—2　　　　　　　　　　静态时集成电路各引脚的电位

集成电路	1	2	3	4	5	6	7	8	9
NE5532									
TDA1521									

2．测量最大不失真输出功率

输入 1 kHz 正弦波信号，扬声器用电阻代替（为了防止声音太响），逐渐增大输入信号的幅度，直到输出波形失真，测量出最大输出电压的有效值 $U_o =$ _____，并利用 $P_{CM} = U_o^2/R_L$ 计算出输出功率为_____。

3．功率放大器与音箱及信号源的连接

查阅相关资料，在图 5—2—16 中画出 DVD 影碟机、功率放大器和音箱的连接图。

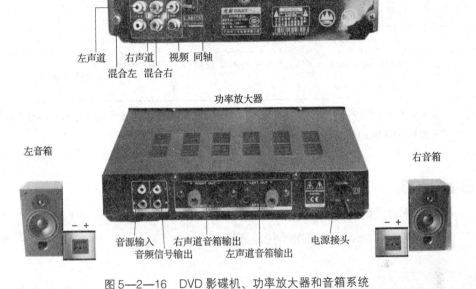

图 5—2—16　DVD 影碟机、功率放大器和音箱系统

任务评价

按表 5—2—3 所列项目进行任务评价，并将结果填入表中。

表 5—2—3　　　　　　　任务评价表

评价项目	评价标准	配分（分）	自我评价	小组评价	教师评价
职业素养	安全意识、责任意识、服从意识强	5			
	积极参加教学活动，按时完成各项学习任务	5			
	团队合作意识强，善于与人交流和沟通	5			
	自觉遵守劳动纪律，尊敬师长，团结同学	5			
	爱护公物，节约材料，工作环境整洁	5			

续表

评价项目	评价标准	配分（分）	自我评价	小组评价	教师评价
专业能力	能正确分析电路工作原理	15			
	装配电路质量符合要求	15			
	能正确使用仪器仪表测量集成电路各引脚电位及最大不失真输出电压	20			
	能正确计算最大不失真输出功率	15			
	能正确连接功率放大器与音箱及信号源	10			
合计		100			
总评	自我评价×20% + 小组评价×20% + 教师评价×60% =	综合等级	教师（签名）：		

注：学习任务考核采用自我评价、小组评价和教师评价三种方式，考核分为 A（90~100）、B（80~89）、C（70~79）、D（60~69）、E（0~59）五个等级。

 思考与练习

1. 集成功率放大器有哪些优点？
2. 集成功率放大器内部电路由哪些部分组成？

课题六　直流稳压电源

电网提供给用户的通常是频率为 50 Hz 的正弦交流电，而很多电子产品需要使用直流稳压电源来供电，这就需要将交流电转变为稳定的直流电，完成这一工作的装置就是直流稳压电源。直流稳压电源质量的好坏直接影响到整个电子产品的工作可靠性和稳定性，其可以是一台独立的设备，也可以是电子电路系统中的一个组成部分。如图 6—0—1 所示为几种不同的直流稳压电源。

 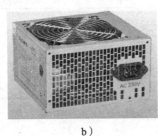  

　　a）　　　　　　　b）　　　　　　　c）　　　　　　　d）

图 6—0—1　直流稳压电源

a）实验室用直流电源　b）计算机用开关电源　c）小型直流电源适配器　d）手机维修用直流电源

任务 1　串联型直流稳压电源的安装与调试

学习目标

1. 了解直流稳压电源的组成和各部分的作用。
2. 掌握稳压管并联型直流稳压电源的组成和工作原理。
3. 掌握三极管串联型直流稳压电源的组成和工作原理。
4. 能正确安装、调试串联型直流稳压电源。

任务引入

　　直流稳压电源有三极管串联型直流稳压电源、稳压管并联型直流稳压电源、串联型开关电源、并联型开关电源等多种形式。本次任务将完成输出电压可调的三极管串联型直流稳压电源的安装与调试，了解直流稳压电源的组成、工作原理及主要指标。

相关知识

一、直流稳压电源的基本结构

直流稳压电源由输入变压器、整流电路、滤波电路、稳压电路等组成，其组成框图如图6—1—1所示。输入变压器将较高的交流电变换成电压合适的交流电，整流电路和滤波电路将交流电变换成比较平滑的直流电，稳压电路进一步减小电路中电压的波动。

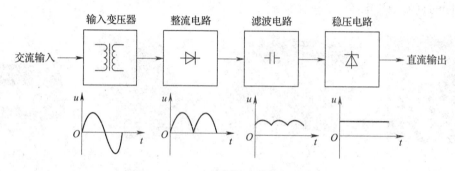

图6—1—1 直流稳压电源的组成框图

二、稳压管并联型直流稳压电源

1. 稳压管的主要参数

稳压管是一种特殊的二极管，工作于反向击穿状态，它在一定范围内保证其两端的电压恒定。稳压管的主要参数有稳定电压、稳定电流、最大耗散功率、动态电阻等。

（1）稳定电压 U_Z

稳定电压是稳压管的稳压值，每个稳压管只有一个稳压值。

（2）稳定电流 I_Z

稳定电流是指稳压管正常工作时的电流，有最大稳定电流 I_{Zmax} 和最小稳定电流 I_{Zmin}。

（3）最大耗散功率 P_M

最大耗散功率是指稳压管不致因过热而损坏的最大耗散功率。

（4）动态电阻 r_Z

动态电阻是反映稳压管稳压性能好坏的一个参数，等于稳压管两端电压的变化量和对应的电流变化量之比，动态电阻越小，稳压管的稳压性能越好。

2. 稳压管并联型直流稳压电源工作原理

稳压管并联型直流稳压电源电路图如图6—1—2所示。由于稳压管与负载并联，故称为并联型稳压电源。电阻R为限流电阻，输出电压等于稳压管的稳压值，即 $U_o = U_Z$。

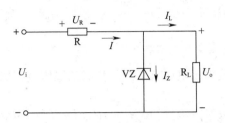

图 6—1—2　稳压管并联型直流稳压电源电路图

无论是由于输入电压升降还是由于负载变化而导致输出电压波动时,稳压管并联型直流稳压电源都能起到稳压作用。因输入电压升高而导致稳压电源输出电压有升高趋势时的稳压过程如下:

$$U_i \uparrow \to U_o \uparrow \to I_L \uparrow \to I \uparrow \to U_R \uparrow \rceil$$

$$U_o \downarrow \longleftarrow$$

因输入电压下降而导致稳压电源输出电压有下降趋势时的稳压过程如下:

$$U_i \downarrow \to U_o \downarrow \to I_L \downarrow \to I \downarrow \to U_R \downarrow \rceil$$

$$U_o \uparrow \longleftarrow$$

稳压管并联型直流稳压电源结构简单,但输出电流受稳压管稳定电流的限制,不宜做得很大,因此,它只适用于电流比较小的场合。

三、三极管串联型直流稳压电源

如果将稳压管的稳定电流通过三极管进行放大,就可以使电源的负载能力大幅度提高,这就是三极管串联型直流稳压电源。三极管串联型直流稳压电源电路图如图 6—1—3 所示,它的输出电压 $U_o \approx U_Z + 0.7$ V (设 VT 为硅管),三极管在电路中相当于一个可变电阻。

因输入电压上升而导致输出电压有上升趋势时的稳压过程如下:

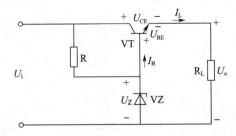

图 6—1—3　三极管串联型直流稳压电源电路图

$$U_i \uparrow \rightarrow U_o \uparrow \rightarrow U_E \uparrow \xrightarrow{\quad U_Z \text{ 恒定} \quad} U_{BE} \downarrow \rightarrow I_B \downarrow \rightarrow U_{CE} \uparrow$$

$$U_o \downarrow \leftarrow$$

因输入电压下降而导致输出电压有下降趋势时的稳压过程如下：

$$U_i \downarrow \rightarrow U_o \downarrow \rightarrow U_E \downarrow \xrightarrow{\quad U_Z \text{ 恒定} \quad} U_{BE} \uparrow \rightarrow I_B \uparrow \rightarrow U_{CE} \downarrow$$

$$U_o \uparrow \leftarrow$$

四、输出电压可调的直流稳压电源

输出电压可调的直流稳压电源的输出电压能在一定范围内调整，给使用带来了极大的方便。如图 6—1—4 所示为输出电压可调的直流稳压电源的电路框图，它包含调整电路、比较放大电路、基准电压、取样电路等环节。其电路原理图如图 6—1—5 所示，三极管 VT1 为调整管，电位器 RP 为取样电位器，稳压管 VZ 提供基准电压，电阻 R2 为稳压管的限流电阻，三极管 VT2 为比较放大管。

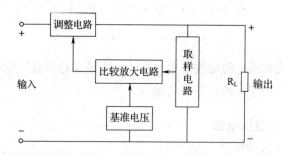

图 6—1—4　输出电压可调的直流稳压电源的电路框图

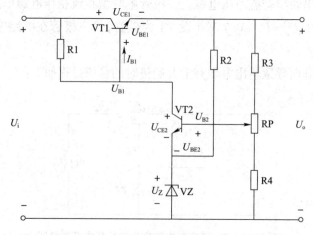

图 6—1—5　输出电压可调的直流稳压电源电路原理图

输出电压可调的直流稳压电源的工作原理是：当输出电压波动时，VT2 的基极电位也将变动，而 VT2 的发射极电位是基准电压，变动的电压和基准电压比较，经 VT2 放大后控制 VT1 的基极电位，从而改变电压 U_{CE1} 的大小，完成稳压过程。

因输入电压上升而导致输出电压有上升趋势时的稳压过程如下：

$$U_i \uparrow \rightarrow U_o \uparrow \rightarrow U_{B2} \xrightarrow{U_Z(U_{E2})\text{恒定}} U_{BE2} \uparrow \rightarrow I_{B2} \uparrow$$

$$U_o \downarrow \leftarrow U_{CE1} \uparrow \leftarrow I_{B1} \downarrow \leftarrow U_{B1} \downarrow \leftarrow U_{CE2} \downarrow$$

当输出电压下降时，调整过程与上述相反。

五、直流稳压电源的指标

1. 稳定系数 s

稳定系数是指在负载电流不变时，输出电压相对变化量和输入电压相对变化量的比值，它是描述直流稳压电源抗外界电压波动能力的参数，稳定系数越小越好。

$$s = \frac{\Delta U_o / U_o}{\Delta U_i / U_i}$$

2. 输出内阻 r_o

输出内阻 r_o 是指直流稳压电源输入电压保持不变时，输出电压变化量和输出电流变化量的比值。它是描述直流稳压电源带负载能力的参数，当负载变化时，直流稳压电源的输出内阻越小，其端电压越稳定。直流稳压电源输出内阻为：

$$r_o = \frac{\Delta U_o}{\Delta I_L}$$

3. 输出电压的范围

如图 6—1—5 所示，调节 RP 可以调节输出电压，当电位器的动臂向上滑动时，输出电压下降，最低电压为：

$$U_{omin} = \frac{R_3 + R_P + R_4}{R_P + R_4}(U_{BE2} + U_Z)$$

当电位器的动臂向下滑动时，输出电压上升，最高电压为：

$$U_{omax} = \frac{R_3 + R_P + R_4}{R_4}(U_{BE2} + U_Z)$$

任务实施

一、器材准备

1. 工具与仪表

DT－9205A 型数字式万用表 1 块，常用无线电装接工具 1 套。

2. 元器件及材料

实施本任务所需的电子元器件及材料见表6—1—1。

表6—1—1 电子元器件及材料明细表

序号	名称	型号规格	数量	单位
1	三极管	D880	1	个
2	三极管	S9013	2	个
3	二极管	1N4007	4	个
4	电阻器	1 kΩ	4	个
5	电阻器	47 kΩ	1	个
6	电位器	1 kΩ	1	个
7	电阻器	30 Ω	1	个
8	电阻器	50 Ω	1	个
9	电阻器	100 Ω	1	个
10	电阻器	200 Ω	1	个
11	电阻器	500 Ω	1	个
12	电阻器	1 kΩ	1	个
13	电阻器	2 kΩ	1	个
14	电解电容器	10 μF/25 V	3	个
15	电解电容器	470 μF/25 V	1	个
16	电解电容器	1 000 μF/25 V	1	个
17	接线座	KF301 – 2P	2	个
18	电源变压器	12 V	1	个
19	调压器	TDGC2 – 0.5K	1	个
20	散热器	30 mm × 24 mm × 30 mm （含固定螺钉一套）	1	个
21	电路板	定制或 80 mm × 100 mm 万能板	1	块
22	焊锡丝	φ0.8 mm	若干	
23	松香		若干	

二、直流稳压电源的安装

1. 输出电压可调的直流稳压电源原理图

图6—1—6 所示为输出电压可调的直流稳压电源原理图。图中，VD1 ~ VD4 组成桥

式整流电路；C1、C5 为滤波电容器；VT1、VT2 组成复合管，担任电路的调整管；VT3 为比较放大管；VZ 为稳压管，为电路提供基准电压；PR、R5 组成取样环节；R3 为复合管穿透电流提供通路；C2、C3、R2 组成的 π 型阻容滤波电路，用于减小电路纹波。

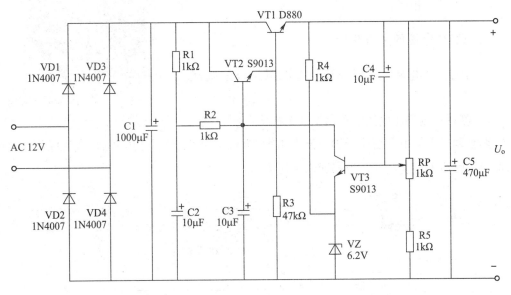

图 6—1—6　输出电压可调的直流稳压电源原理图

2．印制电路板

输出电压可调的直流稳压电源的印制电路板如图 6—1—7 所示。

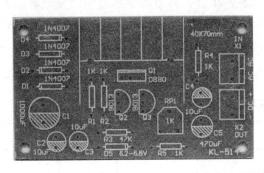
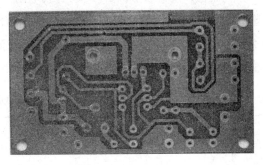

图 6—1—7　输出电压可调的直流稳压电源的印制电路板

3．电路安装

电路的安装方法和一般电子电路安装方法相同，电阻、二极管等采用卧式安装方式，电容器等采用立式安装方式，具体的安装步骤如下：

（1）根据表 6—1—1 准备好元器件，并用万用表进行初步筛选。

（2）将 D880 型三极管安装在散热器上备用，散热器安装示意图如图 6—1—8 所示。

由于散热片和三极管之间不绝缘，所以散热器将和三极管集电极相通，安装时不能和地短路。

（3）安装二极管、电阻等元器件。

（4）安装电容器和接线端。

（5）安装三极管等。

图6—1—8　散热器安装示意图

三、直流稳压电源的参数测量

将调压器、电源变压器和稳压电源电路板连接好，如图6—1—9所示。

1．测量直流稳压电源的输出电压范围

调整调压器使电源变压器输出端电压为12 V，调整电位器RP，测量直流稳压电源的最低输出电压为_____，最高输出电压为_____。

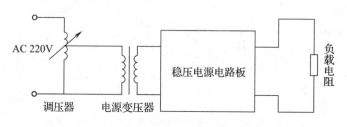

图6—1—9　稳压电源实验接线图

2．测量直流稳压电源稳定系数

直流稳压电源接200 Ω/1 W负载电阻，调整调压器，将电源变压器输出交流电压调整为12 V，然后调整电位器RP，将直流稳压电源输出电压值调整为10 V，保持输出电压不变，调整调压器，使电源变压器输出端交流电压分别为表6—1—2中的数值，测量直流稳压电源输出电压，并将测量结果填入表6—1—2中。

表6—1—2　　　　　　　　　　直流稳压电源稳定系数测量记录表

U_i（V）	12	11	10	9	8	7	6	5
U_o（V）								

以 $10 \times (1 \pm 10\%)$ V，即9 V、10 V、11 V求出该电路的稳定系数为_____。

3．测量输出内阻

调整电位器RP，使空载输出电压为10 V，然后按表6—1—3从大到小逐渐改变负载电阻，测量输出电压与电流，将结果填入表6—1—3中，并根据测量结果计算出直流稳压电源的输出内阻。

表6—1—3　　　　直流稳压电源输出内阻测量记录表（空载输出电压为 10 V）

R_L（Ω）	∞	2 000	1 000	500	200	100	50	30
U_o（V）								
I_L（mA）								

该直流稳压电源的输出内阻为_____。

 职业能力培养

分组讨论并展示说明，如果需要将本任务制作的直流稳压电源的输出电压限制在 8 ~ 10 V，电路应如何修改。

 任务评价

按表6—1—4 所列项目进行任务评价，并将结果填入表中。

表6—1—4　　　　　　　　　任务评价表

评价项目	评价标准	配分（分）	自我评价	小组评价	教师评价
职业素养	安全意识、责任意识、服从意识强	5			
	积极参加教学活动，按时完成各项学习任务	5			
	团队合作意识强，善于与人交流和沟通	5			
	自觉遵守劳动纪律，尊敬师长，团结同学	5			
	爱护公物，节约材料，工作环境整洁	5			
专业能力	能正确分析电路工作原理	15			
	装配电路质量符合要求	20			
	能正确使用仪器仪表测量实验数据	20			
	能正确计算直流稳压电源的各项指标	20			
合计		100			
总评	自我评价×20% + 小组评价×20% + 教师评价×60% =	综合等级	教师（签名）：		

注：学习任务考核采用自我评价、小组评价和教师评价三种方式，考核分为 A（90 ~ 100）、B（80 ~ 89）、C（70 ~ 79）、D（60 ~ 69）、E（0 ~ 59）五个等级。

思考与练习

1. 直流稳压电源一般由哪些部分组成？
2. 简述稳压管并联型直流稳压电源的结构和工作原理。
3. 简述输出电压可调直流稳压电源的工作原理。

任务2　集成稳压电源的安装与调试

学习目标

1. 认识 78 系列、79 系列、317 系列、337 系列三端稳压器，并能识别其引脚。
2. 掌握 78 系列、79 系列、317 系列、337 系列三端稳压器的典型应用。
3. 能安装、调试三端稳压器组成的正负电源电路。

任务引入

　　集成稳压器是模拟集成电路的一个重要分支。相比分立元件稳压电路具有体积小、安装使用方便、可靠性高、保护电路完善等优点，因此在各类电子电路中得到广泛应用。

　　利用三端稳压器可以方便地组成正电源、负电源和正、负电源。生产三端稳压器的厂家众多，如美国国家半导体公司、美国摩托罗拉公司、美国仙童公司、日本电气公司等，所以有 LM、MC、LA、KIA、μPC、μA、CW 等多种型号，但它们的结构完全相同，在实际使用中可以直接代换。本次任务将利用 CW7812 与 CW7912 三端稳压器组成 ±12 V 双电源。

相关知识

　　集成稳压器按其外形结构来分，可分为多端式稳压器（如 LM2991T 低压差稳压器）和三端式稳压器（如 CW78××系列稳压器）；按其输出电压是否可调，可分为固定稳压器和可调稳压器。

一、三端固定式集成稳压器

　　三端固定式集成稳压器只有输入端、输出端和公共端，简称三端稳压器。三端固定式集成稳压器分正电压（CW78××系列）和负电压（CW79××系列）两类，输出电流有 0.1 A、0.5 A、1.5 A、3 A 四种，输出电压有 5 V、6 V、9 V、12 V、15 V、18 V、24 V 七种。常用的三端固定式集成稳压器外形如图 6—2—1 所示。

图6—2—1　三端固定式集成稳压器外形

　　三端稳压器三个引脚的内部电路不同，使用时要严格区分，不能混用。CW78××和CW79××系列三端稳压器引脚的排列方式如图6—2—2所示。

　　三端稳压器的输出电压有多种，CW78××和CW79××系列三端稳压器型号的后两位表示输出电压，如CW7812表示输出电压为 + 12 V，CW7912表示输出电压为 – 12 V。

　　三端稳压器的内部电路和分立元件稳压电源类似，由启动电路、基准电压电路、取样电路、比较放大电路、调整电路和保护电路等部分组成。三端稳压器的内部电路框图如图6—2—3所示。

　　三端稳压器应用简单，外围元件极少。CW78××系列三端稳压器的典型应用电路如图6—2—4所示。

图6—2—2　CW78××、CW79××系列三端稳压器的引脚排列

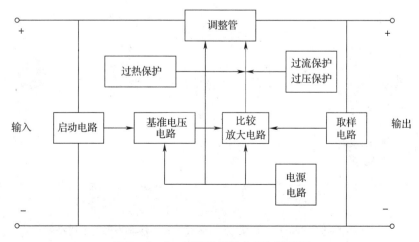

图6—2—3　三端稳压器内部电路框图

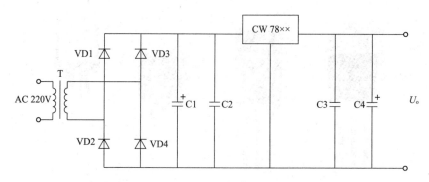

图6—2—4　CW78××系列三端稳压器典型应用电路

变压器 T 将输入的交流电变换成电压合适的交流输出电；VD1～VD4 组成桥式整流电路；C1、C4 分别为输入端、输出端滤波电容；C2、C3 为高频旁路电容，防止稳压器产生高频自激，同时抑制电路引入的高频干扰。

正常工作时，稳压器的输入、输出电压应保持 2～3 V 的压差，以保证调整管工作在放大区。保持合适的输入端与输出端电压差，是保证三端稳压器能够正常工作的前提，压差太小容易使输出电压不稳，压差太大则会增加集成块的功耗，导致电能浪费，同时还会使稳压器发热严重，损坏器件。

二、三端可调式集成稳压器

三端可调式集成稳压器是在三端固定式集成稳压器的基础上发展起来的，也分正电压CW117（军工级）、CW217（工业级）、CW317（民用级）和负电压 CW137（军工级）、CW237（工业级）、CW337（民用级）输出两类。输出电压可在 1.25～37 V 内连续可调，输出电流有 0.1 A、0.5 A、1.5 A、3 A、5 A 几种。CW317、CW337 可调式三端稳压器外形及引脚排列如图 6—2—5 所示。

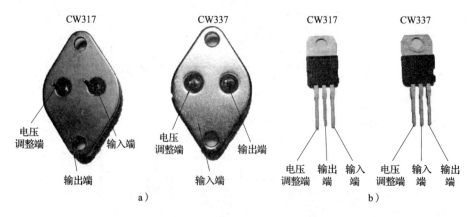

图6—2—5　CW317、CW337 可调式三端稳压器外形及引脚排列

a）TO－3 封装　b）TO－220 封装

　　三端可调式集成稳压器 CW317 的典型应用电路如图 6—2—6 所示。它的最大输入电压是 40 V，改变 RP 的阻值，便可调节输出电压。

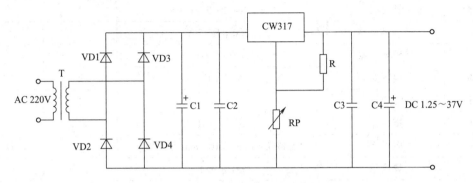

图 6—2—6　CW317 的典型应用电路

 **任务实施**

一、器材准备

　　1. 工具与仪表

　　DT－9205A 型数字式万用表 1 块，常用无线电装接工具 1 套。

　　2. 元器件及材料

　　实施本任务所需的电子元器件及材料见表 6—2—1。

表 6—2—1　　　　　　　　　　　电子元器件及材料明细表

序号	名称	型号规格	数量	单位
1	三端稳压器	CW7812 或 LM7812	1	个
2	三端稳压器	CW7912 或 LM7912	1	个
3	电阻器	10 kΩ	2	个
4	二极管	1N4007	4	个
5	电阻器	30 Ω	1	个
6	电阻器	50 Ω	1	个
7	电阻器	100 Ω	1	个
8	电阻器	200 Ω	1	个
9	电阻器	500 Ω	1	个
10	电阻器	1 kΩ	1	个
11	电阻器	2 kΩ	1	个
12	电源变压器	双 12 V	1	个

序号	名称	型号规格	数量	单位
13	调压器	TDGC2 – 0.5K	1	个
14	电解电容器	2 200 μF/25 V	2	个
15	电解电容器	47 μF/25 V	2	个
16	电容器	0.1 μF	2	个
17	发光二极管	φ3 mm	2	个
18	接线座	KF301 – 3P	2	个
19	电路板	定制或 80 mm × 100 mm 万能板	1	块
20	焊锡丝	φ0.8 mm	若干	
21	松香		若干	

二、±12 V 双输出稳压电源安装

1. ±12 V 双输出稳压电源电路原理图

CW7812 和 CW7912 三端稳压器组成的 ±12 V 双输出稳压电源电路原理图如图 6—2—7 所示。T 为降压变压器；VD1 ~ VD4 组成整流电路；C1 ~ C4 为电解电容器，是电路的滤波电容器；C5、C6 为高频旁路电容器；R1、R2 和 VD1、VD2 组成显示电路，用来指示是否有输出电压。

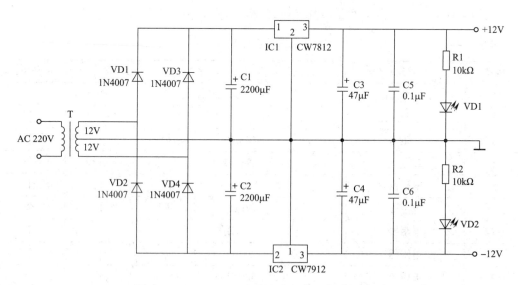

图 6—2—7　±12 V 双输出稳压电源电路原理图

2. 印制电路板

±12 V 双输出稳压电源印制电路板如图 6—2—8 所示。

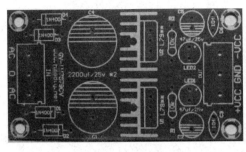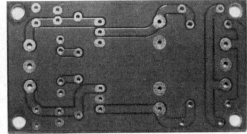

图6—2—8 ±12 V双输出稳压电源印制电路板

3. ±12 V双输出稳压电源电路安装

±12 V双输出稳压电源电路的安装方法和一般电子电路安装方法相同，安装步骤如下：

（1）根据表6—2—1准备好元器件，并用万用表进行初步筛选。

（2）将三端稳压器和散热器安装在一起，如图6—2—9所示。

（3）安装二极管、电阻器。

（4）安装接线座。

（5）安装 C3 ~ C6 和发光二极管。

（6）安装三端稳压器和电容器 C1、C2。

图6—2—9 散热器安装示意图

三、±12 V双输出稳压电源测量

将调压器、电源变压器和稳压电源电路板连接好，方法同本课题任务1。

1. 测量稳定系数

在输出端接 200 Ω/1 W 负载电阻，调整调压器，使电源变压器输出端的交流电压分别为 11 V、12 V、13 V，测量此时的输出电压分别为_____ V、_____ V、_____ V，根据测量结果计算该电路的稳定系数为_____。

2. 测量输出内阻

调整输入电压为额定值，然后按表6—2—2从大到小逐渐改变负载电阻，测量输出电压和电流，将结果填入表6—2—2中，并根据测量结果计算电源的输出内阻。

表6—2—2 输出内阻测量记录表（输出空载电压为12 V）

R_L（Ω）	∞	2 000	1 000	500	200	100	50	30
U_o（V）								
I_L（mA）								

该电路的输出内阻为_____。

任务评价

按表6—2—3所列项目进行任务评价，并将结果填入表中。

表6—2—3　　　　　　　　　任务评价表

评价项目	评价标准	配分（分）	自我评价	小组评价	教师评价
职业素养	安全意识、责任意识、服从意识强	5			
	积极参加教学活动，按时完成各项学习任务	5			
	团队合作意识强，善于与人交流和沟通	5			
	自觉遵守劳动纪律，尊敬师长，团结同学	5			
	爱护公物，节约材料，工作环境整洁	5			
专业能力	能正确分析电路工作原理	15			
	装配电路质量符合要求	20			
	能正确测量、计算电源的稳定系数	20			
	能正确测量、计算电源的输出内阻	20			
合计		100			
总评	自我评价×20% + 小组评价×20% + 教师评价×60% =	综合等级	教师（签名）：		

注：学习任务考核采用自我评价、小组评价和教师评价三种方式，考核分为 A（90~100）、B（80~89）、C（70~79）、D（60~69）、E（0~59）五个等级。

思考与练习

1. 三端稳压器有哪些类型？

2. 根据测量和计算结果，比较集成稳压器性能和分立元件稳压电源性能的优劣。

任务3　USB手机充电适配器的安装与调试

学习目标

1. 掌握开关稳压电源的分类、工作原理和特点。

2. 能正确安装、调试手机充电适配器。

任务引入

无论是分立元件串联型直流稳压电源还是集成三端稳压器组成的稳压电源，它们的调整管都工作于放大状态，功耗较大，为了解决调整管的发热问题，需要使用较大的散热器，同时用于降压的电源变压器体积和质量都较大，使电源变得更加笨重。开关稳压电源中的开关管工作于开关状态，当其截止时流过的电流很小，而其导通时两端的压降又很小，开关管本身的功耗极低，极大地提高了电源的效率，一般开关稳压电源的效率可达70%～95%，使用的开关变压器体积小、质量轻，整个电源显得十分小巧。本次任务将通过安装、调试 USB 手机充电适配器，来进一步体会开关稳压电源的优点。

相关知识

开关稳压电源又称交换式电源、开关变换器，是一种高频化电能转换装置。它是通过控制电源开关管的导通和关断时间的比率，来保持输出电压恒定的一种电源。图 6—3—1 所示为几种常用的开关稳压电源实物图。

图 6—3—1　常用开关稳压电源实物图

一、开关稳压电源的分类

按照开关管与负载的连接方式不同，可分为串联型开关稳压电源和并联型开关稳压电源两种。

按照控制方式不同，可分为脉冲宽度调制式 PWM、脉冲频率调制式 PFM 和混合式三种。

按照开关管是否参与振荡，可分为自激式和它激式两种。

二、串联型开关稳压电源

串联型开关稳压电源基本原理图如图 6—3—2 所示。图中，VT 为开关管，VD 为续流二极管，L、C 组成滤波电路，R 为负载电阻。

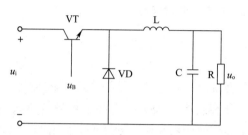

图6—3—2　串联型开关稳压电源基本原理图

串联型开关稳压电源的基本工作原理是：当 u_B 为高电平时，VT 导通，VD 截止，输入电压通过电感给负载提供电压，同时电感储存能量，电容器充电；当 u_B 为低电平时，VT 截止，电感 L 中的能量转变为电能，通过 VD 给负载供电，电容器放电，可见控制 VT 的导通和关断时间，就可以改变输出电压的大小。

图 6—3—3 所示为实用的串联型开关稳压电源电路原理图，它由单片双极型线性集成电路 MC34063 及其外围元件构成。输入电压范围为 2.5～40 V，输出电压范围为 1.25～40 V（可调），电流为 1.5 A。

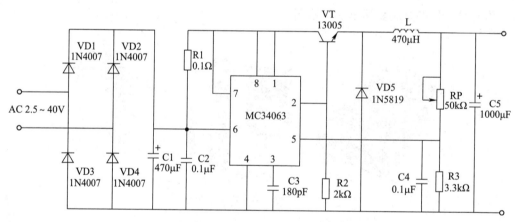

图6—3—3　实用的串联型开关稳压电源电路原理图

三、并联型开关稳压电源

串联型开关稳压电源的开关管和负载串联，输出电压总是小于输入电压，而并联型开关稳压电源既可以降压也可以升压，它的开关管和负载是并联关系，基本电路如图 6—3—4 所示。

并联型开关稳压电源的基本工作原理是：当 u_B 为高电平时，VT 导通，输入电压给电感 L 储存能

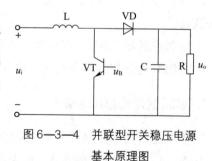

图6—3—4　并联型开关稳压电源
基本原理图

量，VD 截止，电容器 C 给负载提供电源；当 u_B 为低电平时，VT 截止，电感 L 中的能量转变为电能，和输入电压串联后给电容器 C 充电，并给负载供电。改变 VT 的导通与关断时间，就可以改变输出电压的大小。图 6—3—5 所示为实用的并联型开关稳压电源电路原理图。

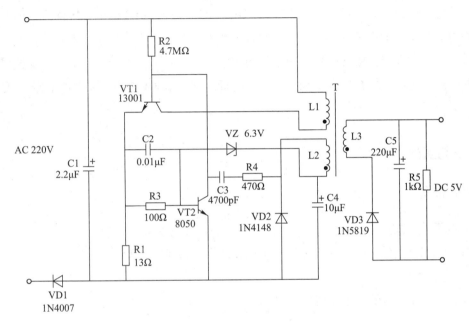

图6—3—5　实用的并联型开关稳压电源电路原理图

图中，VD1 为输入整流二极管；C1 为输入滤波电容；VT1 为开关管；VT2 为比较放大管；VZ 提供基准电压；C5 为输出滤波电容；R5 为内部负载电阻；VD3 为输出整流二极管，该二极管工作于高频状态，使用的是低压高频肖特基二极管。

接通电源后，220 V 交流电通过 VD1 整流、C1 滤波后，一路通过开关变压器一次绕组 L1 加在 VT1 的集电极，另一路通过电阻 R2 给 VT1 提供基极启动电流，VT1 开始导通，其集电极电流线性增长。L2 中的正反馈电压通过 C3 和 R4 送到 VT1 基极，使 VT1 迅速饱和导通，同时，电容 C3 开始充电，随着 C3 两端电压升高，VT1 基极电位逐渐下降，集电极电流开始减小，此时在 L2 中感应出使 VT1 基极为负、发射极为正的电压，VT1 迅速截止，完成一个振荡周期。在 VT1 截止时，L1 绕组中存储的能量通过磁芯感应到二次绕组 L3，在 L3 绕组中感应出一个 5 V 左右的交流电压，经 VD3 整流、C5 滤波后给负载供电。此后，C3 逐渐放电，VT1 基极电压又逐渐升高，从而开始第二个周期，如此不断循环。

VZ、VT2、R3 等组成稳压电路，当输出电压升高时，VZ 击穿，VT2 基极电流变大，集电极电位下降，对 C3 和 R4 反馈信号起分流作用，使 VT1 基极电流下降，L1 绕组中存储的能量变小，从而使输出电压下降，稳定了输出电压。

R1、R3 和 VT2 组成过流保护电路，当负载过载或者短路时，R1 电阻上产生较高的压降，使 VT1 饱和导通，迫使 VT2 截止，停止输出电压。

四、开关稳压电源的优缺点

开关稳压电源具有功耗小、效率高、体积小、质量轻、稳压范围宽等优点。但开关稳压电源中的开关管工作于开关状态，存在较为严重的开关干扰，如果不采取一定的措施进行抑制、消除和屏蔽，就会严重影响整机的正常工作。此外，由于开关稳压电源振荡器不和电网隔离，这些干扰会串入工频电网，使附近的其他电子仪器、设备和家用电器受到严重干扰。

 任务实施

一、器材准备

1. 工具与仪表

DT－9205A 型数字式万用表 1 块，常用无线电装接工具 1 套。

2. 元器件及材料

实施本任务所需的电子元器件及材料见表 6—3—1。

表 6—3—1　　　　　　　　　　电子元器件及材料明细表

序号	名称	型号规格	数量	单位
1	电阻器	2.2 MΩ	1	个
2	电阻器	1 kΩ	3	个
3	电阻器	12 Ω	1	个
4	电阻器	330 Ω	1	个
5	电阻器	3 Ω	1	个
6	二极管	1N4007	1	个
7	二极管	1N5819	1	个
8	稳压二极管	4.7 V/0.5 W	1	个
9	电解电容器	2.2 μF/400 V	1	个
10	电容器	4 700 pF	1	个
11	电解电容器	220 μF/10 V	1	个

续表

序号	名称	型号规格	数量	单位
12	三极管	MJE13001	1	个
13	三极管	S9014	1	个
14	发光二极管	$\phi3$ mm，双色	1	个
15	光电耦合器	FL817	1	个
16	电阻器	30 Ω	1	个
17	电阻器	50 Ω	1	个
18	电阻器	100 Ω	1	个
19	电阻器	200 Ω	1	个
20	电阻器	500 Ω	1	个
21	电阻器	1 kΩ	1	个
22	电阻器	2 kΩ	1	个
23	调压器	TDGC2－0.5K	1	个
24	插座	USB 母座	1	个
25	开关变压器	EE－13	1	个
26	外壳		1	个
27	自攻螺钉	$\phi2$ mm×8 mm	1	个
28	电路板	定制或 80 mm×100 mm 万能板	1	块
29	焊锡丝	$\phi0.8$ mm	若干	
30	松香		若干	

二、手机充电适配器安装

1. USB 手机充电适配器电路原理图

USB 手机充电适配器的电路原理图如图 6—3—6 所示，其工作原理与图 6—3—5 所示实用并联型开关稳压电源类似。其中，VT2 为开关三极管；R1 为启动电阻；VZ、IC、VT1 等组成稳压电路，当输出电压升高时，VZ 击穿，IC 中发光二极管电流增大，光线变强，导致 IC 中光敏三极管电阻变小，反馈绕组 L2 中的感应电压经 IC 中的光敏三极管加到 VT1 基极，使 VT1 基极电流变大，VT1 发射极电流也增大，从而使 VT2 的基极电流减小，VT2 集电极电流下降，输出电压降低，稳定了输出电压；R3 和 VT1 组成过流保护电路。

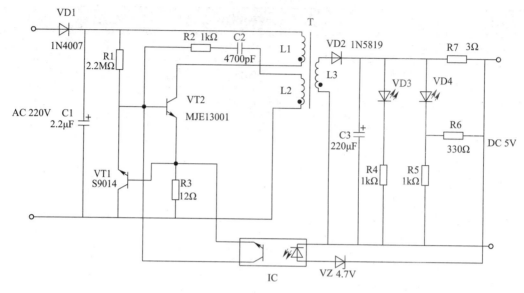

图6—3—6   USB手机充电适配器电路原理图

2．USB手机充电适配器印制电路板

USB手机充电适配器的印制电路板采用单面印制电路板，如图6—3—7所示。

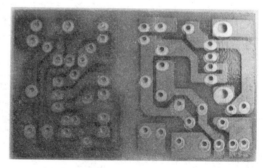

图6—3—7   USB手机充电适配器印制电路板

3．认知USB手机充电适配器中元件

（1）开关变压器

开关变压器是开关稳压电源中的重要元件，也可以称为脉冲变压器，其结构和一般的电源变压器类似，如图6—3—8所示。它一般都工作于开关状态，由于工作频率较高，所以采用铁氧体磁芯。

（2）光电耦合器

光电耦合器简称光耦，以光为媒介传输电信号，对输入、

图6—3—8   开关变压器

输出电信号有良好的隔离作用。它由发光源和受光器两部分组成，是把发光源和受光器组装在同一个密闭的壳体内，彼此间用透明绝缘体隔离，发光源的引脚为输入端，受光器的引脚为输出端。常见的发光源为发光二极管，受光器为光敏二极管、光敏三极管等。光电耦合器的外形和图形符号如图6—3—9所示。

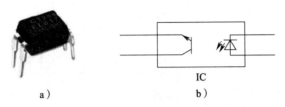

a)   b)

图6—3—9　光电耦合器的外形的图形符号

a）外形　b）图形符号

4．安装手机充电适配器

手机充电适配器电路的安装方法和一般电子电路安装方法相同，安装步骤如下：

（1）根据表6—3—1准备好元器件，并用万用表进行初步筛选。

（2）安装二极管、电阻、光电耦合器等卧式安装器件。

（3）安装三极管、电容器等立式安装器件。

（4）安装开关变压器。

（5）安装外部连接导线。

（6）对照电路原理图检查无误后，进行通电检测。

（7）安装外壳。

三、手机充电适配器测量

1．测量稳定系数

在输出端接200 Ω/1 W负载电阻，调整调压器，使输入端交流电压分别为220 V、200 V、180 V，测量此时的输出电压分别为_____ V、_____ V、_____ V，根据测量结果计算该电路的稳定系数为_____。与串联型直流稳压电源相比，电源的稳定系数_____。

2．测量输出内阻

在输入端接额定电压220 V，按表6—3—2从大到小逐渐改变负载电阻，测量输出电压和电流，将结果填入表6—3—2中，并根据测量结果计算电源的输出内阻。

表6—3—2　　　　　　输出内阻测量记录表（输出空载电压为5 V）

R_L（Ω）	∞	2 000	1 000	500	200	100	50	30
U_o（V）								
I_L（mA）								

该电路的输出内阻为_____。与串联型直流稳压电源相比，输出内阻_____。

任务评价

按表6—3—3所列项目进行任务评价，并将结果填入表中。

表6—3—3　　　　　　　　　　任务评价表

评价项目	评价标准	配分（分）	自我评价	小组评价	教师评价
职业素养	安全意识、责任意识、服从意识强	5			
	积极参加教学活动，按时完成各项学习任务	5			
	团队合作意识强，善于与人交流和沟通	5			
	自觉遵守劳动纪律，尊敬师长，团结同学	5			
	爱护公物，节约材料，工作环境整洁	5			
专业能力	能正确分析电路工作原理	15			
	装配电路质量符合要求	20			
	能正确测量、计算电源的稳定系数	20			
	能正确测量、计算电源的输出内阻	20			
合计		100			
总评	自我评价×20% + 小组评价×20% + 教师评价×60% =	综合等级	教师（签名）：		

注：学习任务考核采用自我评价、小组评价和教师评价三种方式，考核分为 A（90～100）、B（80～89）、C（70～79）、D（60～69）、E（0～59）五个等级。

思考与练习

1．简述并联型开关稳压电源的基本工作原理。

2．开关稳压电源有哪些优缺点？

3．图6—3—5所示实用并联型开关稳压电源中使用的1N5819二极管在电路中起何作用？它是哪一种二极管？和普通整流二极管相比有何不同？可以用1N4007代替吗？为什么？

课题七　晶闸管应用电路

晶闸管是一种理想的无触点开关元件，它具有体积小、质量轻、无机械磨损、动作速度快等优点，广泛应用于调压、调速、逆变、自动控制系统中，如日常生活中常见的声控过道灯、触摸延时开关、全自动洗衣机、工业自动化控制中的直流电动机调速系统等。图 7—0—1 所示为晶闸管的应用实例。

a)　　　　　　　　　　　　　　　　　b)

图 7—0—1　晶闸管应用实例

a）晶闸管直流调速系统主电路板　b）触摸延时开关

任务 1　晶闸管的识别与检测

 学习目标

1. 掌握晶闸管的内部结构和符号。
2. 掌握晶闸管的工作原理。
3. 掌握晶闸管的主要参数，能正确选择晶闸管。
4. 能用万用表判断晶闸管的引脚。
5. 能用万用表检测晶闸管好坏。

 任务引入

晶闸管又叫可控硅，有单向晶闸管、双向晶闸管、可关断晶闸管等多种类型。日常使用的调光台灯、调速风扇等都会用到晶闸管器件。常用晶闸管外形如图7—1—1所示。本任务的主要内容是认识晶闸管，练习用万用表检测晶闸管质量的好坏。

图7—1—1　常用晶闸管外形

相关知识

一、单向晶闸管

1. 单向晶闸管的结构、符号及引脚排列

单向晶闸管是一种四层三端半导体开关器件，结构如图7—1—2a所示，它有P1、N1、P2、N2四层半导体，在每两层半导体的交界面各形成一个PN结，共有三个PN结，三个电极分别为阳极（A）、阴极（K）和控制极（G）。单向晶闸管的文字符号用"V"或"VT"表示，图形符号如图7—1—2b、c、d所示。

常见普通单向晶闸管的引脚排列见表7—1—1。

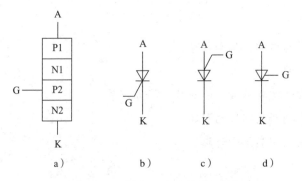

图7—1—2　单向晶闸管结构和符号

a）晶闸管结构　b）阴极侧受控晶闸管符号

c）阳极侧受控晶闸管符号　d）未指定控制极晶闸管符号

表 7—1—1　　　　　　　　　　常见普通单向晶闸管的引脚排列

类型	图示	引脚排列
金属封装螺栓型单向晶闸管	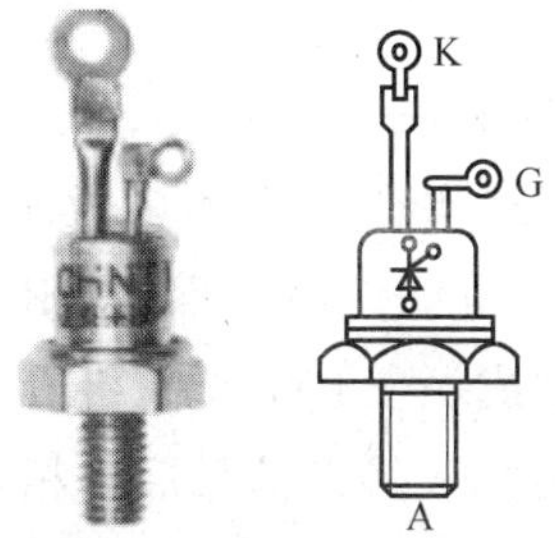	螺栓一端为阳极 A，较细的引线端为门极 G，较粗的引线端为阴极 K
平板型单向晶闸管	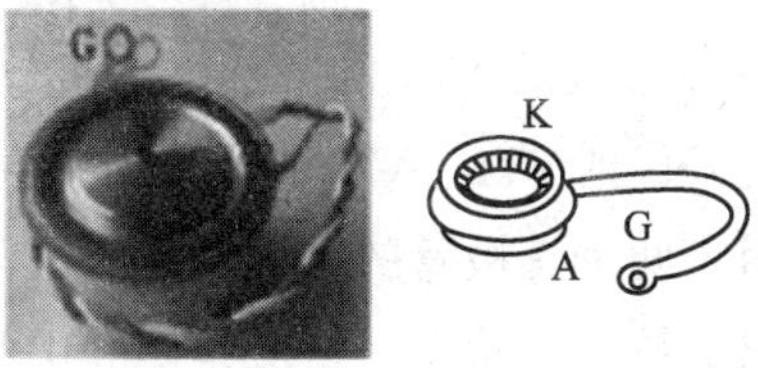	引出线端为门极 G，平面端为阳极 A，另一端为阴极 K
塑封（TO-220）单向晶闸管	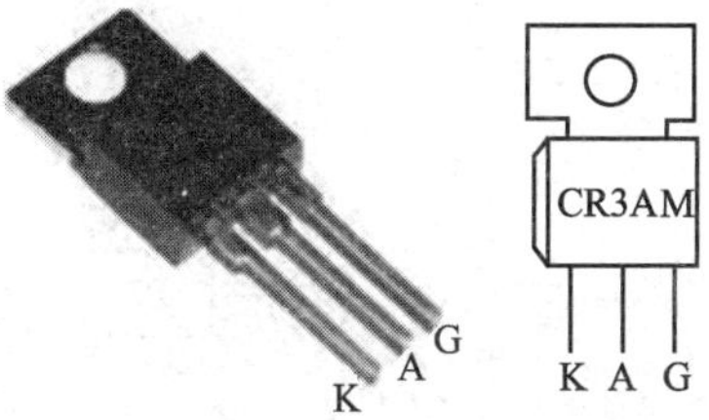	中间引脚为阳极 A 且多与自带散热片相连
塑封单向晶闸管	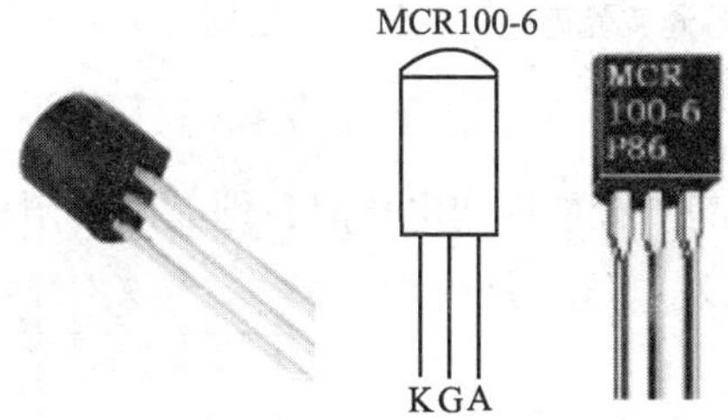	因型号不同引脚排列有所不同
贴片式单向晶闸管		因型号不同引脚排列有所不同

2. 单向晶闸管的工作原理

单向晶闸管加正向电压时，有阻断和导通两种状态，在一定条件下可以从一种状态迅速转变为另一种状态。

（1）单向晶闸管触发导通

单向晶闸管触发导通实验电路如图7—1—3所示，晶闸管的正极接电源正极，负极通过负载HL接电源负极，此时晶闸管不导通，HL无电流流过。当接通开关S后，晶闸管导通，HL有电流流过，指示灯发光，此时即使关断S，HL依然保持发光。

这是因为晶闸管内部电路可等效成一个PNP型三极管和一个NPN型三极管相连，如图7—1—4所示。当晶闸管的控制极加入触发信号后，相当于给三极管VT2的基极提供了一个触发电流，此触发电流就是VT2的基极电流I_{B2}，而I_{B2}经过VT2放大β_2倍后，加在三极管VT1的基极作为VT1的基极电流，且$I_{B1} = I_{C2} = \beta_2 I_{B2}$，而该电流又经VT1放大后，输入到VT2的基极，经过一轮放大后VT2的基极电流将放大$\beta_1\beta_2$倍；而且该电流还将被VT1、VT2继续下一轮放大，直到VT1、VT2全部饱和导通，即晶闸管导通。此时即使原来的触发电流不再存在，由于两个三极管的基极电流来源于彼此的集电极电流，所以不再需要外界的触发电流就可以保持导通状态，这就是实验中开关断开后晶闸管依然导通的原因。

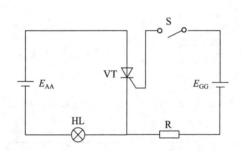

图7—1—3　单向晶闸管触发导通实验电路

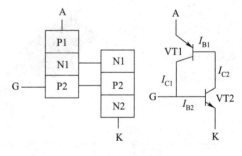

图7—1—4　晶闸管等效电路

（2）单向晶闸管的阻断状态

如图7—1—5所示，当给晶闸管加反向电压时，即晶闸管阳极接电源负极，阴极接电源正极时，无论控制极有无触发电压，晶闸管都不能导通。

（3）晶闸管的工作条件

若要使晶闸管导通，必须在晶闸管的阳极和控制极同时施加正向电压，并且使流过晶闸管的阳极电流大于它的维持电流。

晶闸管一旦导通，控制极就失去了控制作

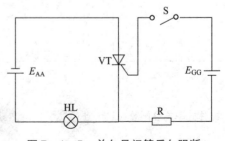

图7—1—5　单向晶闸管反向阻断

用，也就是说，晶闸管导通后，不管它的控制极有无电压，晶闸管都不会关断。

要使导通的晶闸管关断，必须在晶闸管的阳极和阴极之间加反向电压，或者减小流过晶闸管的阳极电流，使之小于晶闸管的维持电流。

3. 晶闸管的主要参数

晶闸管和三极管一样都是半导体器件，在使用中有各种限制条件，如它能够承受多大的电压，能够通过多大的电流等。晶闸管的主要参数如下：

（1）额定正向平均电流 I_F

在环境温度为 40℃ 和规定冷却条件下，带电阻性负载、导通角不小于 170° 的电路中，晶闸管阳极和阴极间可以连续通过的平均电流值，称为额定正向平均电流。

（2）维持电流 I_H

在规定的条件下，控制极开路时，晶闸管能维持导通的最小阳极电流，称为维持电流。

（3）触发电压 U_G 和触发电流 I_G

在室温下，阳极和阴极间加 6 V 正向电压时，使晶闸管从阻断状态到完全导通状态所需的最小直流电压和电流，分别称为触发电压和触发电流。

（4）正向重复峰值电压 U_{DRM}

在控制极开路时，允许重复作用在晶闸管上的最大正向电压，称为正向重复峰值电压。

（5）反向重复峰值电压 U_{RRM}

在控制极开路时，允许重复作用在晶闸管上的最大反向电压，称为反向重复峰值电压。

二、双向晶闸管

双向晶闸管具有两个方向轮流导通、关断的特性。双向晶闸管实质上是两个反并联的单向晶闸管，共有五层半导体、四个 PN 结、三个电极，三个电极分别称为第一电极 T1、第二电极 T2 和控制极 G。双向晶闸管主要用于交流控制电路，如温度控制、调光控制、电风扇调速电路等。双向晶闸管结构、符号及引脚排列如图 7—1—6 所示。

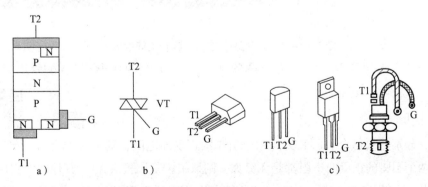

图 7—1—6　双向晶闸管结构、符号及引脚排列

a）内部结构　b）符号　c）引脚排列

三、晶闸管引脚判断

晶闸管的封装形式很多，当根据外形无法直接判断晶闸管的引脚时，则需要采用万用表进行简单判断。

1. 判断是单向晶闸管还是双向晶闸管

用模拟式万用表 R×1 Ω 挡或数字式万用表 ⏦⊪ 挡进行测量，分别测量晶闸管两个引脚之间的正反向电阻。其中，有两个引脚有正反向特性的是小功率单向晶闸管，两个引脚正反向电阻相近、大小为几十欧姆的是小功率双向晶闸管。

对于大功率单向晶闸管，由于其内部结构不同，G、K 极之间为小阻值电阻，测量时 G、K 极之间没有正反向特性。因此，大功率晶闸管和双向晶闸管除可在外形上加以区分外，还可以通过测量 G、K 极之间的电阻来区分。

分别用 R×1 Ω、R×10 Ω 挡两次测量双向晶闸管的 T1、G 极和大功率晶闸管的 K、G 极之间的电阻，双向晶闸管两次测得的阻值大小不同，为非线性电阻，测量结果如图 7—1—7 所示（晶闸管型号为 BTA06）；而大功率晶闸管两次测得的阻值基本相同，为线性电阻，测量结果如图 7—1—8 所示（晶闸管型号为 KP20A）。

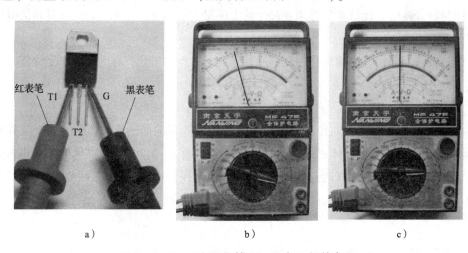

图 7—1—7　双向晶闸管 T1、G 极之间的电阻

a) 双向晶闸管测量　b) R×1 Ω 挡测得电阻为 32 Ω　c) R×10 Ω 挡测得电阻为 160 Ω

2. 单向晶闸管引脚判断

对于小功率晶闸管，用模拟式万用表 R×1 Ω 挡或数字式万用表 ⏦⊪ 挡进行测量，分别测量每个引脚和另外两个引脚的正反向电阻，其中有一个引脚对另外两个引脚的正反向电阻都是无穷大，则该引脚是阳极（A）。其他两个引脚之间有一个 PN 结，具有正反向特性，因此，当模拟式万用表黑表笔接 K、红表笔接 G 时不导通，如图 7—1—9 所示；当模拟式万用表黑表笔接 G、红表笔接 K 时导通，如图 7—1—10 所示。

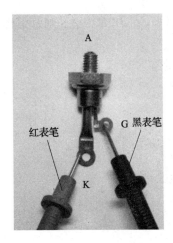

图7—1—8 单向大功率晶闸管K、G极之间的电阻

a）单向晶闸管测量   b）R×1 Ω挡测得电阻为100 Ω   c）R×10 Ω挡测得电阻为100 Ω

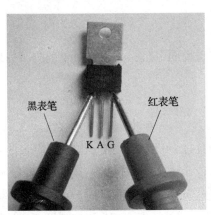

图7—1—9 黑表笔接K、红表笔接G

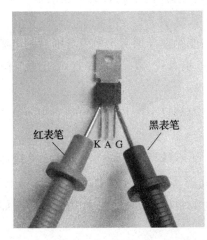

图7—1—10 黑表笔接G、红表笔接K

对于大功率单向晶闸管，可以从封装形式上直接区分引脚。常用大功率晶闸管引脚排列如图 7—1—11 所示。

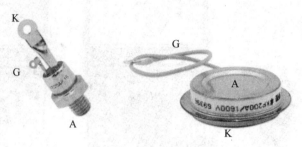

图 7—1—11　大功率晶闸管引脚排列

3．双向晶闸管引脚判断

测量双向晶闸管一般用模拟式万用表的 R×1 Ω 挡，下面以 BTA06 型双向晶闸管为例，介绍判断双向晶闸管引脚的方法。

（1）判断出第二电极 T2

分别测量每个引脚和另外两个引脚的正反向电阻，其中有一个引脚对另外两个引脚的正反向电阻都是无穷大，该引脚就是 T2。

（2）区分第一电极 T1 和控制极 G

区分 T1 和 G 要进行两个步骤四次测量。第一个步骤是，先假设除 T2 以外的两个引脚中的任何一个是 T1，再进行正、反向两次触发测试。第一次用万用表的红表笔接 T2，黑表笔接 T1，此时电阻为无穷大，短路 T2 和控制极 G，晶闸管被触发导通，断开控制极，晶闸管将维持导通，记录此时的导通电阻；第二次测量时，假设 T1 不变，用万用表的黑表笔接 T2，红表笔接 T1，此时电阻为无穷大，短路 T2 和控制极 G，晶闸管也能被触发导通，断开控制极，晶闸管也将维持导通，同样记录此时的导通电阻。第二个步骤是，假设另外一个脚是 T1，重复以上测试。

分析四次测量结果可知，双向晶闸管均能触发导通，但触发导通后的电阻有差异，其中有一次假设，正反向触发导通后的电阻值相对较大，并且导通电阻的阻值有明显的差异，则这次假设是错误的，如图 7—1—12 所示。

而另一次假设，正反向触发后的导通电阻都较小，并且阻值基本相同，则这次假设是正确的，测量结果如图 7—1—13 所示。

如在测量中任何一次假设时，晶闸管都不能维持导通（此种情况较少），则表示万用表的电流小于晶闸管的维持电流，此时需在万用表中串联 1.5 V 电池后重新测量，电池方向为红表笔接电池正极，在电池负极引出一根线作为红表笔，如图 7—1—14 所示。

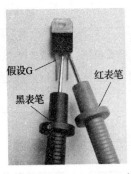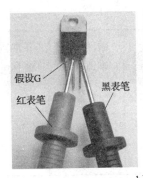

a)　　　　　　　　　　　　b)

图 7—1—12　假设错误时的测量结果

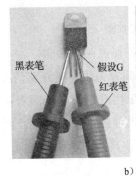

a)　　　　　　　　　　　　b)

图 7—1—13　假设正确时的测量结果

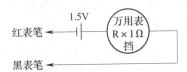

图 7—1—14　外加干电池增加维持电流

 职业能力培养

晶闸管的种类和封装形式很多，本任务仅给出了部分常用晶闸管的引脚排列情况，试查阅相关资料或通过互联网检索，收集表 7—1—2 所列晶闸管的技术文件，了解其引脚排列、主要技术参数及应用。

表 7—1—2　　　　　　　　　　　几种晶闸管的主要参数

型号	晶闸管类型	额定正向平均电流	正向重复峰值电压	反向重复峰值电压	触发电流	维持电流
MAC97A6						
TLC336A						

续表

型号	晶闸管类型	额定正向平均电流	正向重复峰值电压	反向重复峰值电压	触发电流	维持电流
MCR100－6						
2P4M						
KP10A						

四、晶闸管好坏判断

1. 单向晶闸管好坏判断

判断单向晶闸管的好坏有两个步骤：

（1）测量各引脚之间有无击穿或开路情况

使用万用表 R×1 Ω 挡分别测量晶闸管控制极 G 和阴极 K 之间 PN 结的正反向电阻，对于小功率晶闸管应有明显的正反向特性，而大功率晶闸管 G、K 之间的电阻为几十至几百欧姆。再测量阳极 A 和其他两个引脚的正反向电阻，都是无穷大，则晶闸管无击穿现象。

（2）测量晶闸管的触发性能

下面以 2P4M 型晶闸管为例进行测量，万用表使用 R×1 Ω 挡，黑表笔接晶闸管阳极 A，红表笔接阴极 K，此时电阻应为无穷大，测量结果如图 7—1—15 所示；短接控制极 G 和阳极 A，此时万用表阻值变小，晶闸管导通，断开控制极 G，晶闸管维持导通，则表示晶闸管控制性能良好，测量结果如图 7—1—16 所示。

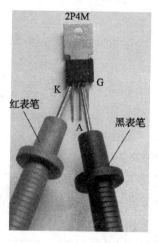

图 7—1—15　晶闸管测试（一）

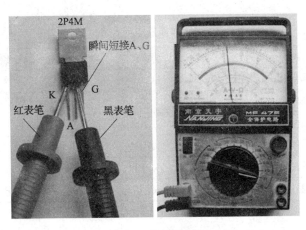

图7—1—16 晶闸管测试（二）

注意

对于大功率晶闸管，万用表的电流往往小于晶闸管的维持电流，测试时虽然可以看到触发，但不能维持，此时必须在晶闸管上串联 1~3 节 1.5 V 干电池再进行测量，电路如图7—1—17 所示。

2. 双向晶闸管好坏判断

（1）使用万用表 R×1 Ω 挡，测量第一电极 T1 和控制极 G 之间的正反向电阻，应为几十欧姆。

（2）测量第二电极 T2 和其他两个电极的正反向电阻都是无穷大，则表示双向晶闸管无击穿现象。

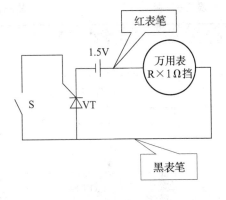

图7—1—17 大功率晶闸管测量电路

（3）万用表的红表笔接 T2、黑表笔接 T1，测得电阻为无穷大，短路 T2 和控制极 G，电阻阻值变小，晶闸管导通，断开控制极，晶闸管维持导通，此时可以判定双向晶闸管性能良好。

 任务实施

一、器材准备

1. 仪表

MF47 型模拟式万用表、DT－9205A 型数字式万用表各 1 块。

2. 元器件

实施本任务所需的电子元器件见表7—1—3。

表7—1—3　　　　　　　　　　　　　　　电子元器件明细表

序号	名称	型号规格	数量	单位
1	双向晶闸管	MAC97A6	1	个
2	双向晶闸管	TLC336A	1	个
3	单向晶闸管	MCR100－6	1	个
4	单向晶闸管	2P4M	1	个
5	单向晶闸管	KP10A	1	个
6	已损坏晶闸管	任意型号	若干	个

二、用万用表判断晶闸管的引脚

用万用表判断表7—1—4所列晶闸管的引脚，并将结果填入表中。

表7—1—4　　　　　　　　　　　　晶闸管引脚测量记录表

序号	晶闸管型号	晶闸管类型	引脚排列（绘图表示）
1	MAC97A6		
2	TLC336A		
3	MCR100－6		
4	2P4M		
5	KP10A		

三、用万用表检测晶闸管好坏

对表7—1—5所列常用晶闸管质量进行检测，并将测量结果填入表中。

表7—1—5　　　　　　　　　　　　晶闸管质量检测记录表

序号	晶闸管型号	万用表挡位	A—K间正、反向电阻		A—G间正、反向电阻		G—K间正、反向电阻		触发性能	质量判断
			正向	反向	正向	反向	正向	反向		
1	MAC97A6									
2	TLC336A									
3	MCR100－6									
4	2P4M									
5	KP10A									

任务评价

按表7—1—6所列项目进行任务评价，并将结果填入表中。

表7—1—6 **任务评价表**

评价项目	评价标准	配分（分）	自我评价	小组评价	教师评价
职业素养	安全意识、责任意识、服从意识强	5			
	积极参加教学活动，按时完成各项学习任务	5			
	团队合作意识强，善于与人交流和沟通	5			
	自觉遵守劳动纪律，尊敬师长，团结同学	5			
	爱护公物，节约材料，工作环境整洁	5			
专业能力	能正确识别晶闸管类型	25			
	能正确区分晶闸管的引脚	25			
	能正确判断晶闸管好坏	25			
合计		100			
总评	自我评价×20% + 小组评价×20% + 教师评价×60% =	综合等级	教师（签名）：		

注：学习任务考核采用自我评价、小组评价和教师评价三种方式，考核分为 A（90~100）、B（80~89）、C（70~79）、D（60~69）、E（0~59）五个等级。

 思考与练习

1. 简述单向晶闸管的工作原理。

2. 简述用万用表判断单向晶闸管引脚的方法。

3. 简述用万用表区分单向和双向晶闸管的方法。

任务2 晶闸管调光电路的安装与调试

 学习目标

1. 掌握晶闸管触发电路的要求。

2. 掌握单结晶体管的结构和工作特性。

3. 掌握单结晶体管触发电路的原理。

4. 能正确安装、调试晶闸管调光电路。

任务引入

在日常生活中，经常需要不同的灯光亮度，如看书时需要比较明亮的光线，而看电视时又需要较暗的光线，利用本任务制作的晶闸管调光电路，就可以方便地调整灯光的亮度，满足不同场合的要求。

相关知识

一、晶闸管触发电路的要求

要使晶闸管导通，不仅要在阳极和阴极之间加上正向电压，还要给控制极加一个合适的触发信号，该触发信号一般由触发电路产生，对于触发电路有以下要求：

1. 触发电路的电压和电流幅度要达到要求。

2. 触发电路要有足够的脉冲宽度，以保证晶闸管可靠触发。

3. 触发信号的波形要满足要求，有陡峭的上升沿。

4. 触发信号必须和输入的交流信号严格同步，保证每次的触发点相同。

晶闸管触发电路的种类很多，其中单结晶体管触发电路是一种简单可靠、应用很广的触发电路。

二、单结晶体管

1. 单结晶体管的结构、符号和等效电路

单结晶体管是只有一个 PN 结的三端半导体器件，它有三个电极，分别称为发射极（E）、第一基极（B1）和第二基极（B2）。单结晶体管的结构、符号和等效电路如图 7—2—1 所示，由于它有两个基极，所以又称为双基极晶体管。

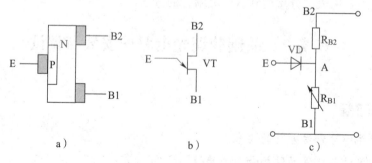

图 7—2—1　单结晶体管的结构、符号和等效电路

a）结构　b）符号　c）等效电路

2. 单结晶体管的简单测试

（1）单结晶体管引脚排列

单结晶体管外形与普通三极管相似，如图
7—2—2 所示为常用单结晶体管 BT33 的外形和
引脚排列。

图 7—2—2 单结晶体管 BT33
外形和引脚排列

（2）单结晶体管好坏判断

单结晶体管的 E 与 B1、B2 间有一个 PN 结，
具有单向导电性，而 B1 与 B2 间则相当于一个固定电阻，据此可以判断单结晶体管的好
坏。

（3）单结晶体管引脚判断

单结晶体管的引脚同样可以通过万用表测量来区分，一般使用模拟式万用表的 R×1
kΩ 挡或数字式万用表的 挡。测量单结晶体管的每个引脚和其他两个
引脚之间的正反向电阻，其中和其他两个引脚有正反向特性的是 E，其他两
个引脚一个是 B1，另一个是 B2。

仔细测量可以发现，单结晶体管的 E 和 B1 之间的正向电阻，要比 E 和 B2 之间的正
向电阻稍微小一点，这也为判断 B1、B2 引脚提供了依据。

当用模拟式万用表的 R×1 kΩ 挡测量 BT33 型单结晶体管时，万用表黑表笔接 E，红
表笔分别接 B1、B2 两个引脚，E、B1 之间的正向电阻小于 E、B2 之间的正向电阻，测量
结果如图 7—2—3 和图 7—2—4 所示。

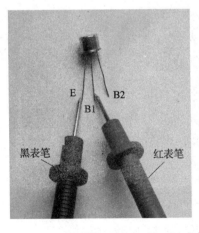

图 7—2—3 E、B1 之间的正向电阻小

当用数字式万用表的 挡测量 BT33 型单结晶体管时，E 和 B1 之间的正向压降
为 1.306 V，如图 7—2—5 所示，E 和 B2 之间的正向压降为"无穷大"，如图 7—2—6 所
示。

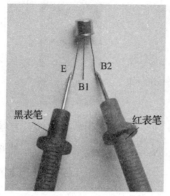

图7—2—4　E、B2 之间的正向电阻大

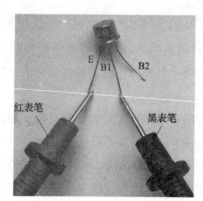

图7—2—5　E 和 B1 之间的正向压降

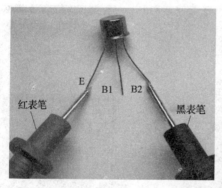

图7—2—6　E 和 B2 之间的正向压降

三、单结晶体管触发电路

单结晶体管触发电路如图7—2—7a 所示。电源接通后，在 R1 两端将产生正尖脉冲，如图7—2—7b 所示，脉冲的周期由 R_P 和 C 确定，改变 R_P 可以改变脉冲的周期，也就是改变第一个脉冲产生的时间。

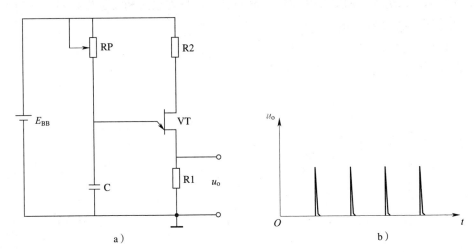

图 7—2—7 单结晶体管触发电路及输出波形

a) 触发电路 b) 输出波形

四、单向晶闸管整流电路

用单向晶闸管组成的整流电路有单相半波可控整流电路、单相桥式可控整流电路，单相桥式可控整流电路又分为单相全控桥和单相半控桥两种。

1. 单相半波可控整流电路

（1）电路组成

单相半波可控整流电路如图 7—2—8 所示。

（2）电路的工作原理

当交流电 u_2 为正半周时，晶闸管承受正向电压，

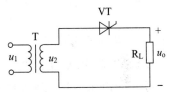

图 7—2—8 单相半波可控整流电路

此时如果没有触发信号，晶闸管将维持截止状态，当有触发信号时，晶闸管触发导通，u_2 通过晶闸管为负载电阻 R_L 供电；当 u_2 的负半周到来时，晶闸管承受反向工作电压，由导通变成截止，完成一个工作周期，直到 u_2 的正半周时再次触发导通，如此周而复始。单相半波可控整流电路的输出波形如图 7—2—9 所示。

在单相半波可控整流电路中，晶闸管承受正向电压而不导通的范围称为控制角，用 "α" 表示，导通的范围称为导通角，用 "θ" 表示，$\alpha + \theta = 180°$。

（3）电路分析

单相半波可控整流电路的输出电压，除了和输入电压有效值 U_2 有关外，还和晶闸管的控制角 α 有关，输出电压的平均值在 $0 \sim 0.45U_2$ 之间变化，计算公式为：

$$U_o = 0.45U_2 \frac{1 + \cos\alpha}{2}$$

晶闸管承受的最大反向电压为$\sqrt{2}U_2$，晶闸管正向平均电流和流过负载的电流相同。

2. 单相全控桥式整流电路

（1）电路组成

单相全控桥式整流电路如图7—2—10所示。

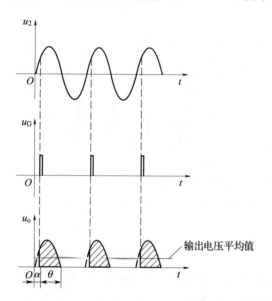

图7—2—9　单相半波可控整流电路的波形

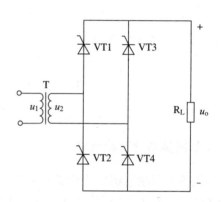

图7—2—10　单相全控桥式整流电路

（2）电路的工作原理

当交流电 u_2 为正半周时，晶闸管 VT1、VT4 承受正向电压，晶闸管 VT2、VT3 承受反向电压，此时如果没有触发信号，晶闸管 VT1、VT4 也将维持截止状态，当 VT1、VT4 同时有触发信号时，VT1、VT4 晶闸管触发导通，u_2 通过晶闸管 VT1、VT4 为负载电阻 R_L 供电；当 u_2 的负半周到来时，晶闸管 VT2、VT3 承受正向电压，VT1、VT4 承受反向电压，由导通变成截止，当有触发信号时，VT2、VT3 晶闸管触发导通，完成一个工作周期，直到 u_2 的正半周时 VT1、VT4 再次触发导通，VT2、VT3 截止，如此周而复始。单相全控桥式整流电路的输出波形如图 7—2—11 所示。

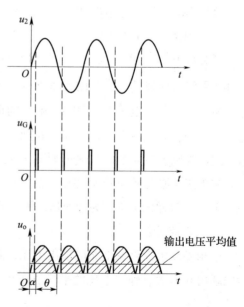

图7—2—11　单相全控桥式整流电路的波形

（3）电路分析

单相全控桥式整流电路的输出电压平均值在 0 ～ 0.9U_2 之间变化，计算公式为：

$$U_o = 0.9U_2\frac{1 + \cos\alpha}{2}$$

晶闸管承受的最大反向电压为 $\sqrt{2}U_2$，晶闸管正向平均电流为负载电流的一半。

把单相全控桥式整流电路中的 VT2、VT4 用二极管代替，电路就变成了单相半控桥式整流电路，它的工作原理和单相全控桥式整流电路相似，输出电压的计算公式也相同，电路如图 7—2—12 所示。

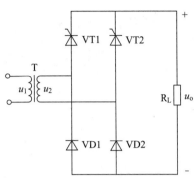

图 7—2—12   单相半控桥式整流电路

五、晶闸管调光电路

1. 单向晶闸管调光电路

单向晶闸管调光电路如图 7—2—13 所示，VD1 ~ VD4 组成整流电路，将通过晶闸管两端的电压变成脉动直流电，由 VT2 组成的触发电路产生的触发脉冲由 R3 两端输出，接在晶闸管的控制极，调节 RP 的大小就可以改变 EL 的亮度，实现调光。

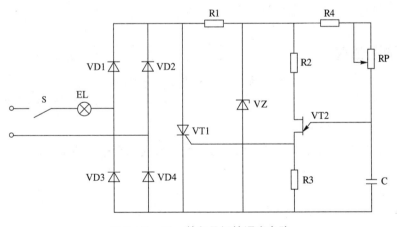

图 7—2—13   单向晶闸管调光电路

2. 双向晶闸管调光电路

双向晶闸管调光电路如图 7—2—14 所示，图中 VT 为双向晶闸管，R1、C1 为晶闸管保护电路，VD 为双向触发二极管。双向触发二极管是一种特殊的二极管，结构和符号如图 7—2—15 所示，它相当于两个稳压管反向串联。根据转折电压的不同有 20 ~ 60 V、100 ~ 150 V、200 ~ 250 V 三种。当正向电压或反向电压大于转折电压时，双向触发二极管都将导通。

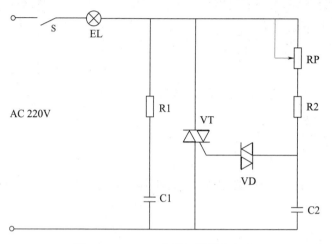

图7—2—14 双向晶闸管调光电路

当电路接通后，电源通过 RP、R2 给电容器 C2 充电，当 C2 两端的电压达到双向触发二极管的转折电压时，双向触发二极管导通，为晶闸管的控制极提供触发电流，晶闸管导通，EL 点亮。RP、R2 和 C2 的时间常数，将决定双向触发二极管何时导通，调整 RP 就可以调节 EL 的亮度。

职业能力培养

晶闸管在电工电子领域有着极为广泛的应用，而电力电子技术这门学科就是在晶闸管和晶闸管变流技术（整流、逆变、斩波、变频、变相等）的基础上确立和发展起来的。查阅相关资料或通过互联网检索，了解电力电子技术的发展和一些典型应用实例。

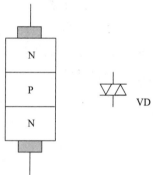

图7—2—15 双向触发二极管结构和符号

任务实施

一、器材准备

1. 工具与仪表

0～30 V 直流稳压电源、LDS21010 型手提式数字示波器各 1 台，DT－9205A 型数字式万用表 1 块，常用无线电装接工具 1 套。

2. 元器件及材料

实施本任务所需的电子元器件及材料见表7—2—1。

表 7—2—1   电子元器件及材料明细表

序号	名称	型号规格	数量	单位
1	晶闸管	MCR100 – 6	1	个
2	电阻器	51 kΩ	1	个
3	电阻器	560 Ω	1	个
4	电阻器	56 Ω	1	个
5	电阻器	18 kΩ	1	个
6	电位器	470 kΩ（带开关）	1	个
7	电容器	0.022 μF	1	个
8	二极管	1N4007	4	个
9	单结晶体管	BT33	1	个
10	灯泡	25 W/220 V	1	个
11	电路板	定制或 80 mm×100 mm 万能板	1	块
12	焊锡丝	φ0.8 mm	若干	
13	松香		若干	

二、单向晶闸管调光电路安装与调试

单向晶闸管调光电路直接使用 220 V 交流电压，电路中的每个元器件都直接和较高电压相连，调试时要特别注意安全，不要碰触任何元器件引脚。调整电压时，只能调整电位器的塑料柄，切忌用手直接接触电路板。必要时，要用绝缘尖嘴钳夹持电路板的绝缘部分，以保证调整电位器时电路板的稳定。

1. 单向晶闸管调光电路原理图与印制电路板

单向晶闸管调光电路原理图如图 7—2—16 所示，单向晶闸管调光电路印制电路板如图 7—2—17 所示。

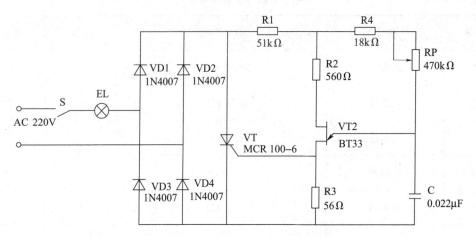

图 7—2—16　单向晶闸管调光电路原理图

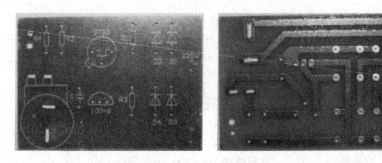

图 7—2—17　单向晶闸管调光电路印制电路板

2. 单向晶闸管调光电路安装

单向晶闸管调光电路的安装方法和一般电子电路的安装方法相同，安装步骤如下：

（1）根据表 7—2—1 准备好元器件，并用万用表进行初步筛选。

（2）安装二极管、电阻等径向元件。

（3）安装晶闸管、单结晶体管和电位器。

（4）连接灯泡、插头等其他附件。

三、单向晶闸管调光电路测量

1. 测量单向晶闸管调光电路输出电压

用万用表测量单向晶闸管调光电路的输出电压（灯泡两端的电压）可知，灯泡最亮时的电压为＿＿＿＿＿＿＿ V，灯泡不亮时的电压为＿＿＿＿＿＿＿ V，电路的最低输出电压是＿＿＿＿＿＿＿ V，它们是＿＿＿＿＿＿＿电压。

2. 测量单向晶闸管调光电路关键点波形

！操作提示

由于示波器接地线和探头的地线直接相通，用示波器测量调光电路、晶闸管可控整流电路的波形时，要将示波器插头的接地插片去除，保证示波器外壳绝缘。除此之外，示波器要保证与其他仪器之间绝缘，不要将示波器放在其他仪器的外壳上，或将其他仪器放在示波器的上面，这样容易使示波器外壳通过其他仪器的外壳接地，测试时造成短路，烧坏晶闸管等器件。

利用示波器测量波形时，其外壳带电，一定要注意安全，确保示波器整体绝缘。测量前先接好探头，然后接通测试电路的电源。调节示波器的旋钮时，人体任何部分都不要接触示波器的金属部分。

由于输入交流电为 220 V 高电压，用示波器测试输入电压或灯泡两端波形时，还要检查示波器的输入耐压是否符合要求，否则不能直接测量。

将灯泡两端电压调整到 150 V，用示波器分别测量单结晶体管 E 极和晶闸管 G 极的波形，并将测得的波形填入表 7—2—2 中。

表 7—2—2　　　　　　　　　单向晶闸管调光电路波形检测记录表

波形测量点	波形图
单结晶体管 E 极（电容器 C 两端）	
晶闸管 G 极（电阻 R3 两端）	

💡注意

典型调光电路中的元器件直接和 220 V 交流电源相连，电路整体带电，为了保证实验安全，也可以采用图 7—2—18 所示的低电压晶闸管调光电路完成晶闸管调光实验。

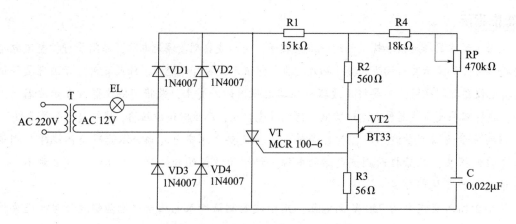

图7—2—18 低电压晶闸管调光电路

 **任务评价**

按表7—2—3所列项目进行任务评价，并将结果填入表中。

表7—2—3 任务评价表

评价项目	评价标准	配分（分）	自我评价	小组评价	教师评价
职业素养	安全意识、责任意识、服从意识强	5			
	积极参加教学活动，按时完成各项学习任务	5			
	团队合作意识强，善于与人交流和沟通	5			
	自觉遵守劳动纪律，尊敬师长，团结同学	5			
	爱护公物，节约材料，工作环境整洁	5			
专业能力	能正确分析电路工作原理	15			
	装配电路质量符合要求	20			
	能正确测量调光电路输出电压	20			
	能正确测量调光电路各点波形	20			
合计		100			
总评	自我评价×20% + 小组评价×20% + 教师评价×60% =	综合等级	教师（签名）：		

注：学习任务考核采用自我评价、小组评价和教师评价三种方式，考核分为 A（90～100）、B（80～89）、C（70～79）、D（60～69）、E（0～59）五个等级。

思考与练习

1. 对晶闸管触发电路的要求有哪些?
2. 测量晶闸管调压电路时要注意哪些问题?

附录　EWB 仿真软件简介

随着计算机技术的不断发展，电子电路的设计由传统的实验电路方式，逐渐转变为了利用计算机软件来完成，这种利用计算机软件来完成电路设计的模式称为计算机辅助设计。利用计算机辅助设计可以极大地缩短产品的设计周期，在现代工业生产中被广泛应用。电子工程师熟练掌握计算机辅助设计的方法，将极大地提高设计电路的能力；对于学习电子电路的学生则可以利用计算机辅助设计软件，通过实验的手段提高学习效率。下面简单介绍一款常用的计算机电路仿真软件 EWB。

一、EWB 软件应用界面

单击 Windows 开始菜单中的 Electronics Workbench，就可以打开 EWB 软件的应用界面，如附图 1 所示。

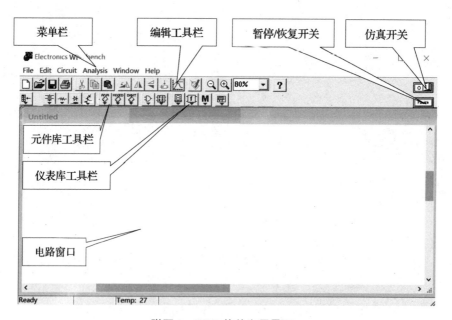

附图 1　EWB 软件应用界面

1. 菜单栏

与 Windows 其他应用程序相似，主要为设计需要的功能命令。

2. 编辑工具栏

EWB 软件的编辑工具栏提供基本功能的快捷按钮，如附图 2 所示。

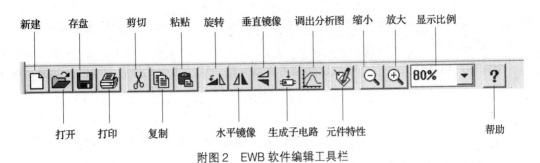

附图 2　EWB 软件编辑工具栏

3．元件库、仪表库工具栏

EWB 软件的元件库、仪表库工具栏提供电路设计的各种元件以及模拟电路和数字电路实验所需要的各种测量仪器，如附图 3 所示。

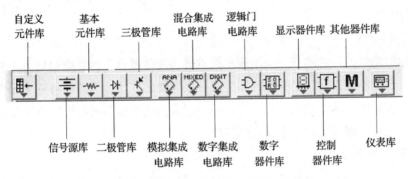

附图 3　EWB 软件的元件库、仪表库工具栏

4．电路窗口

用来创建、编辑电路图。

5．仿真开关

用于启动和关闭电子电路的仿真运行。

6．暂停/恢复开关

用于仿真运行过程中的暂停和恢复操作。

二、创建电路图

创建电路图时，首先将需要的元件拖入电路窗口中，然后利用移动、旋转等命令排列好元件，再连接导线就可以创建出电路图。

1．调用元件

在 EWB 软件的元件库工具栏中，用鼠标左键单击相应元件库的图标，打开元件库，找到所需元件，然后按住鼠标左键将元件拖入电路窗口。

2．选中元件

用鼠标左键在元件图标上单击，当元件符号的颜色变为红色时，表示该元件已经被选中，此时可以进行删除、旋转等操作。按住鼠标左键拖出一个矩形区，则可以选择多个元件。

3. 移动元件

用鼠标左键按住元件后，拖动鼠标即可移动元件。选择多个元件后，可以一起拖动所选元件。

4. 旋转元件

选中元件后，可以用工具栏上的快捷键 ⬛⬛⬛ 对元件进行各种翻转操作。

5. 元件的复制、删除

对于选中的元件，可以用工具栏中的粘贴和复制快捷键 ⬛⬛ 进行元件的复制，也可以用剪切快捷键 ⬛ 将元件放在粘贴板上，再进行复制。选中元件后按下键盘上的 Delete 键，也可以删除元件。

6. 连线操作

（1）连接导线

将光标移动到元件的端点，当出现小黑点时，按住鼠标左键并拖动到另一个元件的端点，待再次出现小黑点时，松开鼠标即完成一根导线的连接。当需要将三个元件的端点相连时，先连接其中的两个端点，然后将另一个端点的连线拖到已经连接的导线上，出现小黑点后松开鼠标，即可实现三个端点的连接。

（2）节点的使用

元件库中的 ⬛ 图标，可以完成四个方向导线的连接，连线时可以灵活应用。

（3）连线的删除和改动

将光标移动到需要删除的导线上，单击右键，选择"Delete"命令，可以删除该导线。将光标移动到需要删除或修改的导线和元件的连接点上，当出现小黑点时，按下鼠标左键移动到空白处松开鼠标，也可以删除导线。如果出现小黑点后，将光标移动到另一个元件的端点，则可以修改导线。

（4）改变导线的颜色

将光标移动到导线上双击，会出现 ⬛⬛⬛⬛⬛ 对话框，选择其中相应的颜色即可改变导线的颜色。

（5）导线连接的注意事项

1）交叉连接必须放置节点。

2）每个节点只有四个方向。

3）交叉导线必须从元件向导线方向连接。

7. 改变元件的参数

用鼠标左键双击元件，会出现如附图 4 所示的对话框，此时就可以改变元件的标识、数值等参数了。不同类型的元件有不同的属性对话框。

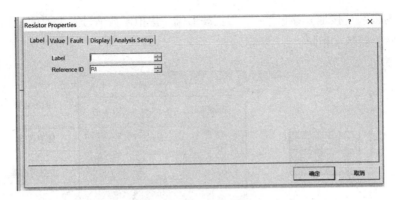

附图4　元件属性对话框

三、仪器、仪表操作

EWB软件提供了万用表、示波器等七种仪表（仪器），下面简单介绍模拟电路实验中常用的几种仪表（仪器）。

1. 万用表

万用表的图标和虚拟面板如附图5所示。这是一个4位数字式万用表，面板上有一个数字显示窗口和7个按钮，分别为电流（A）、电压（V）、电阻（Ω）、电平（dB）、交流（~）、直流（－）和设置（Settings）转换按钮，单击这些按钮可进行相应的转换。利用设置按钮可调整电流表内阻、电压表内阻、欧姆表电流和电平表0 dB标准电压。虚拟万用表的使用方法与真实的数字式万用表基本相同。

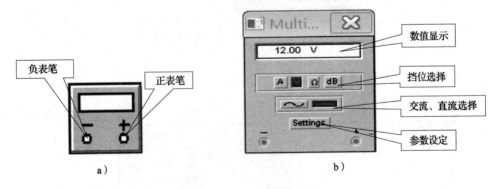

附图5　万用表的图标和虚拟面板

a) 图标　b) 虚拟面板

2. 函数信号发生器

函数信号发生器是一种能提供正弦波、三角波或方波信号的电压源。函数信号发生器的图标和虚拟面板如附图6所示。其面板上可调整的参数有：频率Frequency、占空比Duty cycle、振幅Amplitude和直流偏移Offset。函数信号发生器有三个输出端："－"为负波形端，

"Common"为公共（接地）端、"＋"为正波形端。虚拟函数信号发生器的使用方法与实际的函数信号发生器基本相同。

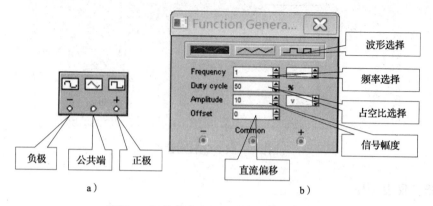

附图6　函数信号发生器的图标和虚拟面板

a）图标　b）虚拟面板

3. 示波器

EWB 软件提供了 1 000 MHz 双通道数字存储示波器，其图标和虚拟面板如附图 7 所示。为了提高测量精度，可移动时间轴，用数显游标对电压进行精确测量。

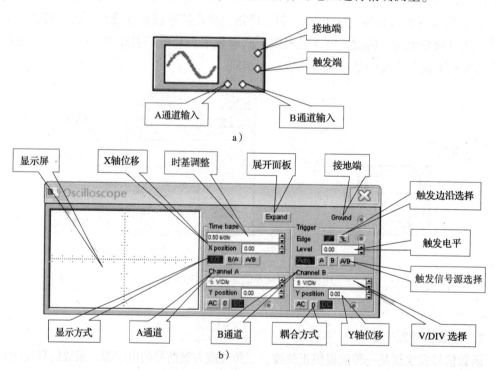

附图7　示波器的图标和虚拟面板

a）图标　b）虚拟面板

四、电子电路仿真实例

EWB软件可以进行模拟电路、数字电路等各种电路的仿真实验，下面以模拟电路中三极管共发射极放大电路仿真实验为例，简述电子电路仿真实验过程。三极管共发射极放大电路如附图8所示。

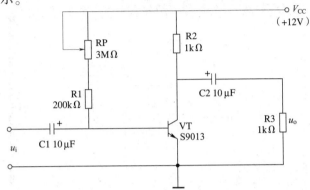

附图8 三极管共发射极放大电路

1. 放置元件

将实验电路所用的电阻、电位器、电容器、三极管等拖入电路窗口，并按照附图8所示电路图排列好，如附图9所示。

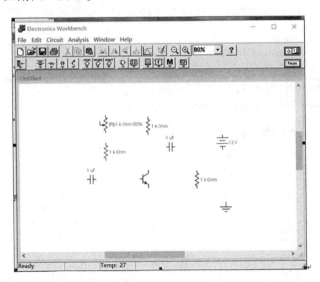

附图9 放置元件

由于EWB软件自带元件库中元件画法和标识问题，使用EWB软件绘制的电路原理图中部分元件的符号和标注与国家标准略有不同。

2. 连接电路

根据电路图将所有的元件用导线连接起来，如附图 10 所示。

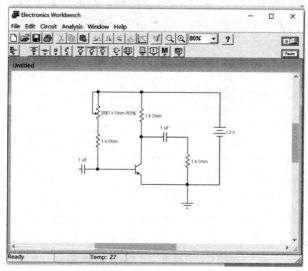

附图 10　连接电路

3. 改变元件参数

根据附图 8 所示电路图的元件参数修改仿真元件参数。EWB 软件没有 S9013 三极管模型，故需要自建元件，方法如下：用鼠标左键双击三极管图标，弹出附图 11 所示对话

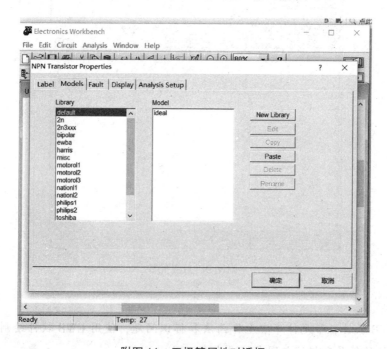

附图 11　三极管属性对话框

框，单击"New Library"按钮，弹出附图 12 所示对话框，填入"my"单击"OK"按钮，就可以新建一个"my"元件库；然后将"default"元件库中的"ideal"三极管复制到新建的元件库中，并单击"Rename"按钮，重新命名为 S9013，如附图 13 所示；再根据 S9013 的实际参数，编辑仿真三极管的参数就可以得到 S9013 三极管。改好参数的电路图如附图 14 所示。

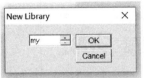

附图 12　新建元件库　　　　　　　　　附图 13　元件重命名

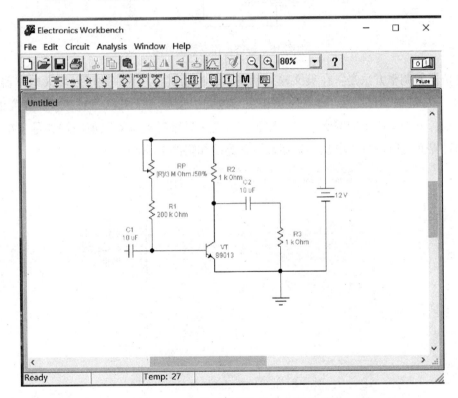

附图 14　三极管共发射极放大电路仿真图

4．测量静态工作点

首先将电路输入端对地短路，确保输入信号为零，然后将电流表串联在三极管集电极，将两个电压表分别接在三极管 C、E 极和 B、E 极之间，如附图 15 所示。打开电源开关，显示的数值即为此时的 I_{CQ}、U_{CEQ}、U_{BEQ} 的值。调整电位器的大小，可以改变静态工作点。

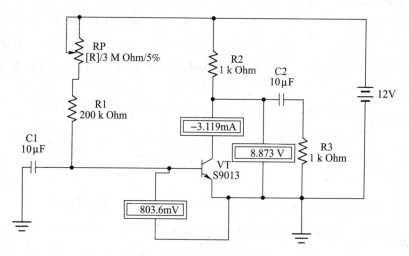

附图 15　静态工作点测量电路

　　电位器的调整方法是：在英文输入状态下，按动键盘"R"键可以增大电位器阻值，切换到"r"键按动可以减小电位器阻值。当电路中使用多个电位器时，可以改变电位器的控制键，分别使用不同的字母进行控制。按动字母键时电位器阻值的增加量（减小量）可以通过界面进行设置。电位器的参数设置界面如附图 16 所示。

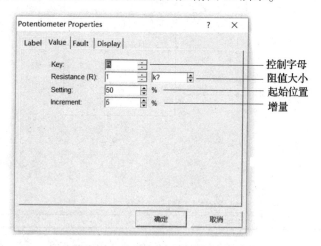

附图 16　电位器的参数设置界面

5．测量输入、输出波形

　　将函数信号发生器和示波器分别与电路输入和输出端相连，如附图 17 所示，函数信号发生器的输出波形选择正弦波，信号幅度为 5 mV，频率为 1 kHz。打开电路的测试开关，即可得到三极管共发射极放大电路的输入、输出波形，如附图 18 所示。利用时间轴的数显游标可对电压进行精确测量。

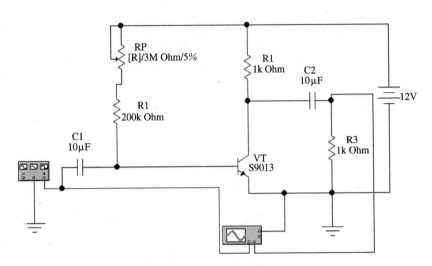

附图 17 三极管共发射极放大电路波形测量电路

t_1 时刻 t_2 时刻

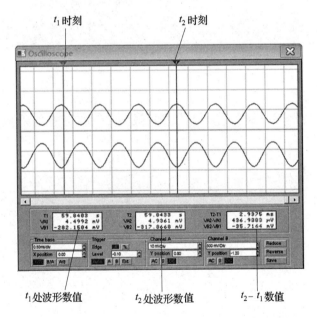

t_1 处波形数值 t_2 处波形数值 $t_2 - t_1$ 数值

附图 18 三极管共发射极放大电路输入、输出波形